AKADEMIE DER WISSENSCHAFTEN UND DER LITERATUR

ABHANDLUNGEN DER
MATHEMATISCH-NATURWISSENSCHAFTLICHEN KLASSE
JAHRGANG 1995 · Nr. 1

Was kristallisiert wie und warum?

Statische Aspekte molekularer Selbstorganisation
aus Einkristall-Strukturdaten

von

HANS BOCK

Mit 12 Abbildungen

AKADEMIE DER WISSENSCHAFTEN UND DER LITERATUR · MAINZ
FRANZ STEINER VERLAG · STUTTGART

Vorgetragen von Hrn. Bock in der Plenarsitzung vom 4. Februar 1993, zum Druck genehmigt am selben Tage, ausgegeben am 30. Juni 1995

Die Deutsche Bibliothek – CIP-Einheitsaufnahme
Bock, Hans:
Was kristallisiert wie und warum? : Statische Aspekte molekularer Selbstorganisation aus Einkristall-Strukturdaten / von Hans Bock. Akademie der Wissenschaften und der Literatur, Mainz. – Stuttgart : Steiner, 1995
  (Abhandlungen der Mathematisch-Naturwissenschaftlichen Klasse / Akademie der Wissenschaften und der Literatur ; Jg. 1995, Nr. 1)
  ISBN 3-515-06745-0
NE: Akademie der Wissenschaften und der Literatur <Mainz> / Mathematisch-Naturwissenschaftliche Klasse: Abhandlungen der Mathematisch-Naturwissenschaftlichen ...

© 1995 by Akademie der Wissenschaften und der Literatur, Mainz
Alle Rechte einschließlich des Rechts zur Vervielfältigung, zur Einspeisung in elektronische Systeme sowie der Übersetzung vorbehalten. Jede Verwertung außerhalb der engen Grenzen des Urheberrechtsgesetzes ist ohne ausdrückliche Genehmigung der Akademie und des Verlages unzulässig und strafbar.
Gesamtherstellung: Rheinhessische Druckwerkstätte, 55232 Alzey
Printed in Germany
Gedruckt auf säurefreiem, chlorfrei gebleichtem Papier

Inhaltsverzeichnis

Vorwort: 5

1. Ausgangspunkt: Ladungsgestörte oder räumlich überfüllte Moleküle und ihre Anordnungen im Kristallgitter.. 8

    1.1. Das Kontaktionentripel Tetraphenylethendinatrium-Bis(diethylether).... 8

    1.2. „Chemische Mimese" des zweifach protonierten Tetrapyridylpyrazins bei Anionen-Austausch $Cl^{\ominus} \rightarrow [B^{\ominus}(C_6H_5)_4]$.................................. 11

    1.3. Das Triplett-Diradikal Tris(3,5-di(tert.-Butyl)-4-oxophenylen)methan..... 13

    1.4. Entwurf und Darstellung von Modell-Verbindungen zum Studium statischer Wechselwirkungen in Kristallen.. 15

2. Strukturen optimal Ether-solvatisierter Alkalimetall-Kationen...................... 17

3. Neuartige Wasserstoffbrücken-Molekülaggregate....................................... 24

    3.1. Von Kristallzüchtung und Strukturbestimmung zu neuen Projekten....... 25

    3.2. Beobachtung und Berechnung kooperativer Effekte............................. 28

4. Donator/Akzeptor-Komplexe: Vom Ladungstransfer zwischen Molekülen zu Elektronentransfer in Redox-Reaktionen.. 32

5. Van der Waals-Anziehung in poly(trimethylsilyl)substituierten Molekülen..... 36

6. Polymorphe und isotype Modifikationen von Molekülkristallen: Informationen über intra- und intermolekulare Wechselwirkungen............................ 42

7. Zusammenfassung und Ausblick: Bekannte und noch unbekannte Aspekte der Kristallisation von Molekülen und Molekülionen..................................... 51

    Literaturhinweise... 55

Was man an der Natur Geheimnisvolles pries,
das wagen wir verständig zu probieren,
und was sie sonst organisieren ließ,
das lassen wir kristallisieren.

J.W. von Goethe, Faust II

"Wie kristallisieren Moleküle?" Antworten auf diese Frage, welche wie diejenige nach den mikroskopischen Reaktionspfaden von Molekülen mittlerer Größe [1] zu den zentralen der Chemie und ihrer Nachbardisziplinen von der Physik bis zur Biologie gehört, werden gegenwärtig weltweit gesucht [2-12]: Molekulare Selbsterkennung und molekulare Selbstorganisation erweisen sich von der Herstellung neuer Materialien bis zur Steuerung von Lebensvorgängen als wichtige Prinzipien und Einkristall-Strukturdaten liefern umfangreiche Informationen über die Wechselwirkungen zwischen räumlich fixierten Molekülen.

Chemische Bausteine sind heutzutage die Molekülzustände definierter Energie [2], welche sich entlang vorgegebener Zeitskalen durch zahlreiche Meßdaten charakterisieren lassen [13]. Ihre Eigenschaften werden vorteilhaft mit einem qualitativen, durch quantenchemische Berechnungen quantifizierbaren Modell diskutiert, welches die Verknüpfung der Zentren, ihre räumliche Anordnung sowie ihre effektiven Kernpotentiale und die resultierende Elektronenverteilung berücksichtigt [14]:

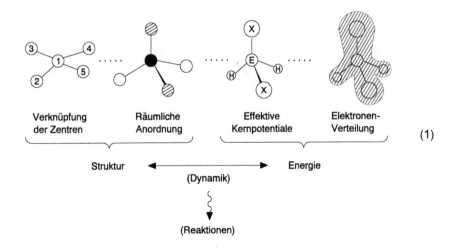

(1)

Die zugrundegelegten, teils drastischen Vereinfachungen lassen andererseits hervortreten, daß jeder so definierte Molekülzustand eine bestimmte Struktur besitzt und jede Änderung seiner Energie und Ladungsverteilung spezifische, über die Moleküldynamik verlaufende und daher auch für bestimmte Reaktionen typische Strukturänderungen bewirken muß [2,14]. Im Rahmen des Zustandsmodells (1) enthalten Molekülkristalle chemische Verbindungen zumeist im Grundzustand nahe ihrem Energieminimum und mit weitgehend "eingefrorener" Dynamik. Kristallstrukturen dienen infolgedessen häufig als Ausgangspunkte sowohl für die Diskussion zahlreicher Moleküleigenschaften als auch für deren quantenchemische Berechnung. Diese Näherung ermöglicht Störungsvergleiche äquivalenter Molekülzustände chemisch verwandter Verbindungen und erlaubt, vice versa, für Untersuchungen bestimmter Strukturveränderungen geeignete, durch Ladungen und/oder räumliche Überfüllung verzerrte Moleküle zu entwerfen [2]. Deren Darstellung, Kristallisation und Strukturbestimmung bestätigt altbekannte Molekül-Störungsprinzipien und läßt neue entdecken [2]; gleichzeitig werden in den Kristallgitter-Anordnungen intermolekulare Wechselwirkungen sichtbar [11,12].

Seit unserem ersten zusammenfassenden Bericht vor zwei Jahren [2] sind über hundert Einkristalle sorgfältig ausgewählter organischer Verbindungen mit dem Ziel gezüchtet und analysiert worden, zumindest Teilantworten auf die grundlegende Frage "Was kristallisiert wie und warum?" zu erhalten. Die Bemühungen [11,12] streben an

▷ die geo- wie biochemisch wichtige Kationen-Solvatation am Beispiel von Alkalimetall-Komplexen zu klären,

▷ neuartige Prototypen von Wasserstoffbrücken-Aggregaten darzustellen sowie ihre biologisch bedeutsamen kooperativen Effekte abzuschätzen,

▷ Ladungstransfer-Phänomene in gezielt gemischt-gestapelt kristallisierten Donor/Akzeptor-Komplexen und insbesondere mit kleinen Akzeptor-Molekülen nachzuweisen, und

▷ van der Waals-Wechselwirkungen vor allem in sterisch überfüllten Organosilicium-Verbindungen zu studieren.

Begonnen wurden zusätzlich Untersuchungen an

▷ polymorphen, pseudopolymorphen oder isotypen Modifikationen von Verbindungen, welche wegen der verschiedenartigen Gitteranordnung jeweils gleicher oder systematisch variierter Molekülbausteine die intra- und intermolekularen Wechselwirkungen transparent erkennen lassen.

Erneut haben wir aus den eigenen Experimenten und dem zugehörigen Literaturstudium viel gelernt und dennoch erkennen müssen, daß zur Klärung vieler statischer und vor allem der kinetischen Aspekte [10] molekularer Selbstorganisation noch verstärkte Anstrengungen vonnöten sind.

1. Ausgangspunkt: Ladungsgestörte oder räumlich überfüllte Moleküle und ihre Anordnungen im Kristallgitter

Das vorstehend gekennzeichnete Vorgehen ausgehend von einer rationellen und gegebenenfalls vorausberechneten Auswahl geeigneter Modellverbindungen über ihre Darstellung und gezielte Kristallisation bis zur quantenchemisch gestützten Molekülstruktur-Diskussion soll einführend an folgenden eigenen Beispielen erläutert werden:

▷ dem Kontaktionentripel $[(H_5C_6)_2C^{\ominus}-^{\ominus}C(C_6H_5)_2(Na^{\oplus}(O(C_2H_5)_2)_2Na^{\oplus}]_{\infty}$ des Tetraphenylethen-Dianions, solvatisiert mit zwei Diethylether [2,15],

▷ der "chemischen Mimese" von farblosem Tetrapyridyl-pyrazin-Dihydrochlorid $[(H_4C_5N_2)(C_4N_2)(H_4C_5N^{\oplus}H)]_2(Cl^{\ominus})_2$ zum orangegelben Bis(tetraphenylborat)-Salz mit unprotonierbaren Anionen [2,16] sowie

▷ dem räumlich abgeschirmten Triplett-Diradikal Tris(3,5-di(tert.butyl)-4-oxo-methylen)methan $(OC_6R_2H_2)_3C^{\uparrow\uparrow}$ [17].

Auf zusätzliche Wechselwirkungen innerhalb der Kristallgitter wird - so weit erkennbar - hingewiesen.

1.1. Das Kontaktionentripel Tetraphenylendinatrium-Bis(diethylether)

Der einfachste ungesättigte Kohlenwasserstoff Ethen wird bei $\pi \rightarrow \pi^*$-Anregung von 418 kJ mol^{-1} aus dem Grundzustand $\tilde{X}(^1A_g)$ mit D_{2h}-Symmetrie in den ersten elektronisch angeregten Zustand $\tilde{A}(^1B_{1u})$ überführt, welcher nach vibronischer Relaxation zueinander senkrechte H$_2$C-Molekülhälften aufweist [2,14]. Für eine mit unrealistisch hohem Energieaufwand erzwungene Zweielektronen-Einlagerung zum fiktiven Dianion H$_2^{\ominus}$C-C$^{\ominus}$H$_2$ ohne stabilisierende Gegenkationen sagt eine Potentialberechnung zwei mit $\omega = 87°$ nahezu senkrecht zueinander angeordnete, negativ geladene Molekülhälften voraus [2].

Ungeachtet der "Realitätsferne" solcher Potentialabschätzungen, ist das zur besseren Ladungsdelokalisation vierfach phenyl-substituierte Derivat in weitgehend aprotischer Diethylether-Lösung ($c_{H^{\oplus}} < 1$ ppm) unter Argon-Schutzgas an einem bei 10^{-4} mbar erzeugten Natriumspiegel zu grünen, metallisch glänzenden und extrem luftempfindlichen Kristallen umgesetzt worden, welche nach Strukturbestimmung im 210 K kalten Stickstoffstrom ein zweifach Diethylether-solvatisiertes Kontaktionentripel des Tetraphenylethen-Dianions enthalten [2,15] (Abb. 1).

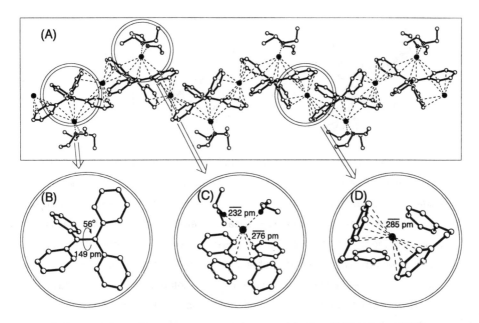

Abb. 1. Einkristallstruktur von Tetraphenylethendinatrium-Bis(diethylether) bei 210 K (Raumgruppe P2$_1$/n, Z = 4): (A) die Kontaktionenpaar-Polymerkette, (B) das Tetraphenylenethen-Dianion, (C) sein Kontaktionenpaar mit zweifach diethylether-solvatisiertem Na$^{\oplus}$-Gegenkation und (D) der die Kontaktionenpaare verbrückende Dibenzolnatrium-Sandwich (Vgl. Text).

Die Struktur der Kontaktionenpaar-Polymerkette von Tetraphenylethendinatrium-Bis(diethylether) (Abb. 1: A) wird wie folgt beschrieben: Die (H$_5$C$_6$)$_2$C$^{\ominus}$-Molekülhälften des Tetraphenylethen-Dianions sind - mit der Vorausberechnung für das Dianion des unsubstituierten Ethens zufriedenstellend übereinstimmend - durch eine 149 pm lange CC-Einfachbindung verknüpft und um 56° gegeneinander verdrillt (Abb 1: B). Die Strukturverzerrung wird als Cyanin-Störung [2] infolge einer geraden Anzahl von π-Elektronen über einer ungeraden Anzahl von Zentren erkannt, welche sich auch bei weiteren Ethen-Derivaten wie dem nach Iod-Oxidation des vierfach p-(dimethylamino)-substituierten Tetraphenylethen kristallisierbaren Dikations [18] findet (2). Hierbei wird die 135 pm lange C=C-Doppelbindung um 15 pm (!) zur C-C-Einfachbindung aufgeweitet und die nunmehr positiv geladenen Molekülhälften sind erneut 53° gegeneinander verdrillt [18]. Im zweifach Diethylether-solvatisierten

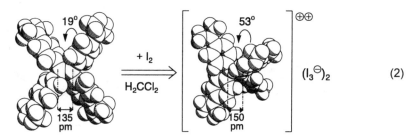

(2)

Kontaktionenpaar (Abb. 1: C) ist das Na$^⊕$-Gegenkation in die Dianion-Wiege zwischen zwei Phenylringen insgesamt achtfach koordiniert eingebettet; die Kontaktabstände betragen für Na$^{δ⊕}$···O 232 pm und für Na$^{δ⊕}$···C zwischen 270 und 292 pm. Die beim mutmaßlichen Kristallisationsverlauf erst nach den drastischen Strukturänderungen im zweiten Reduktionsschritt (vgl. (8)) gebildeten Kontaktionenpaare lagern sich über die überschüssigen Kationen Na$^⊕$(OR$_2$)$_n$ in der Etherlösung unter Ausbildung neuartiger Dibenzolnatrium-Sandwichkomplexe [15] (Abb. 1: D) zu Kontaktionentripel-Polymerketten (Abb. 1: A) zusammen [2,11].

Ergänzend sei angeführt, daß auch mit anderen Alkalimetallen wie dem an Luft brennbaren Cäsium analoge, jedoch unterschiedlich verknüpfte Kontaktionenpaar-Polymerketten von Tetraphenylethen-Dianion hergestellt und kristallisiert werden können [19]:

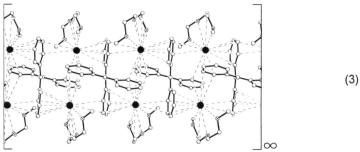

(3)

Hier werden die Cs$^⊕$-Gegenkationen durch das Kristallisations-Lösungsmittel Diglykoldimethylether mit Abständen zwischen 304 und 319 pm dreifach O-koordiniert und weisen zusätzlich 10 Kontakte Cs$^{δ⊕}$...C zwischen 345 und 358 pm Länge auf. In den Tetraphenylethen-Dianionen sind die um ω = 87° gegeneinander verdrillten Molekülhälften durch eine 151 pm lange CC-Einfachbindung verknüpft (3).

Ein monomeres Kontaktionenpaar mit einem intramolekularen Na$^⊕$-Dibenzolsandwich kristallisiert nach Natriummetall-Reduktion von Tetraphenylallen in Diethylether [2,20]:

Die Einkristallstruktur von Tetraphenylallylnatrium-Diethylether sei hier als Beispiel für eine geometrie-optimierte MNDO-Berechnung ausgewählt, wobei zur CPU-Zeitersparnis die an der $Na^{\delta\oplus}$-Komplexierung unbeteiligten Phenylringe vernachlässigt werden (4: B). Wie ersichtlich läßt sich die Struktur (4: A) auch in Details wie dem Phenylring-Verdrillungswinkel oder dem Diethylether-Pfropfen der Kohlenwasserstoff-Höhlung reproduzieren. Zusätzliche Informationen zur optimalen Ladungsverteilung liefert eine Bildungsenthalpie-Hyperfläche (4: B: ☐ ☐ ⇨), in der das zunächst an den Allylanion-Zentren C1 oder C3 plazierte $Na^{\oplus}$-Gegenkation barrierelos zwischen die beiden insgesamt negativer geladenen Phenylringe als Ort bevorzugter Coulomb-Anziehung gleitet [2,20].

1.2. "Chemische Mimese" des zweifach protonierten Tetrapyridylpyrazins bei Anionen-Austausch $Cl^{\ominus} \rightarrow [B^{\ominus}(C_6H_5)_4]$

In Tetrakis(2'-pyridyl)pyrazin, das als Modellverbindung wegen seiner dominanten vier (aus insgesamt 3N-6 = 3 x 46 - 6 = 132 !) Freiheitsgrade der Rotation um die Ringverknüpfungsbindungen ausgewählt wird, sind die Pyridinringe um jeweils 50° nach oben und unten aus der Pyrazin-Ringebene gedreht [16]. Bei Protonierung zweier diagonal gegenüberliegender Pyridinringe mit HCl bilden sich unter Änderung der Ringverdrillungswinkel jeweils Wasserstoffbrücken $>N^{\oplus}$-H$\cdots Cl^{\ominus}$ zu den elektronenreichen Chloridanionen aus (Abb. 2). Austausch der topotaktisch günstigen Protonenakzeptor-Zentren $Cl^{\ominus}$ gegen phenylumhüllte und daher unter den Reaktionsbedingungen nicht protonierbare Tetraphenylborat-Anionen führt zur "mimetischen" Einebnung des Molekülgerüstes unter Gelbfärbung. Ursache ist die Ausbildung zweier intramolekularer Wasserstoffbrücken $N^{\oplus}$-H$\cdots$N, deren NN-Abstände mit nur noch 253 pm extrem kurz und deren H-Zentren mit nur noch 9 pm Auslenkung aus der Bindungsmitte nahezu symmetrisch angeordnet sind [2,16] (Abb. 2).

Abb. 2. Strukturen von (A) Tetra(2-pyridyl)pyrazin und seiner diprotonierten Salze (B) mit Wasserstoffbrücken-fähigen $Cl^{\ominus}$-Anionen und (C) unprotonierbaren Gegenanionen $B^{\ominus}(C_6H_5)_4$. Das Molekülgerüst wird durch die kurzen (N···N nur 253 pm) und nahezu symmetrischen (Auslenkung von H aus der Bindungsmitte nur 9 pm) Wasserstoffbrücken N···H$^{\oplus}$···N eingeebnet.

Für eine näherungsweise Berechnung der vor allem vom N···N-Abstand abhängigen Wasserstoffbrücken-Potentiale wird von der literaturbekannten [16] Neutronenbeugungs-Struktur des 4-Aminopyridin-Semiperchlorates ausgegangen, dessen Abstände N···N 270 pm, N$^{\oplus}$-H 117 pm und H···N 152 pm betragen. Variation des NN-Abstandes und schrittweises Bewegen des H-Zentrums entlang der NN-Achse liefert unter jeweils vollständiger Geometrie-Optimierung eine Potentialkurven-Schar (5), deren Barriere zwischen 280 und 250 pm von 35 auf 2 kJ/Mol sinkt.

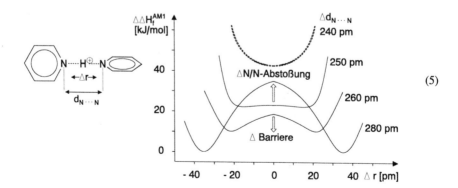

(5)

Die (AM 1)-Potentialkurven für Pyridiniumpyridin [16] sagen somit voraus, daß bei etwa 250 pm das Doppel- in ein Einfach-Minimum übergeht. Die nur 253 pm langen $N^{\oplus}$-H$\cdots$N-Brücken in Tetrakis(2'-pyridyl)pyrazin sind somit angenähert durch ein Doppelminimum-Potential mit so geringer Barriere beschreibbar, daß bei Raumtemperatur ein Oszillieren des Protons mit einer Frequenz von etwa 10^{-9} sec möglich sein sollte.

Das Kristallgitter des intramolekularen H-Brücken-Salzes $[(H_4C_5N^{\oplus}$ H$\cdots$NC$_5$H$_4)_2$C$_4$N$_2$][B$^{\ominus}$(C$_6$H$_5)_4]_2$ wird durch die voluminösen, phenylumhüllten Anionen dominiert, welche zusätzliche Wechselwirkungen der Dikationen vermindern: die kürzesten intermolekularen Abstände betragen bereits 322 pm.

1.3. Das Triplett-Diradikal Tris(3,5-di(tert.-butyl)-4-oxophenylen)methan

Tiefviolette Rhomben der in dreistufiger Synthese aus 2,6-Di(tert.butyl)-4-li-thiophenoxy(trimethyl)silan und Diethylcarbonat zugänglichen Titelverbindung lassen sich durch langsames Eindunsten seiner grünen n-Hexan-Lösung züchten [17]:

(6)

Das auch als "Yang's Biradikal" bezeichnete Molekül besitzt nach literaturbekannten [17] ESR/ENDOR-Untersuchungen sowohl in Lösung als auch im Festkörper einen Triplett-Grundzustand.

Im Triplett-Diradikal, welches angenähert D_3-Symmetrie aufweist und dessen Phenylringe wegen ihrer überlappenden ortho-Wasserstoffe um durchschnittlich 32° aus der Trimethylenmethan-Ebene herausgedreht sind, tritt die kinetisch abschirmende Umhüllung durch die sechs tert.Butyl-Gruppen jeweils beidseits der chinoiden O-Zentren in einer raumerfüllenden Strukturdarstellung (Abb. 3: A) deutlich hervor. Die ausgehend von den Strukturdaten durchgeführten quantenchemischen Berechnungen [17] liefern ein Paradebeispiel für unterschiedliche Spin- und Ladungsverteilungen: Während sich die ungepaarten Elektronen bevorzugt an den

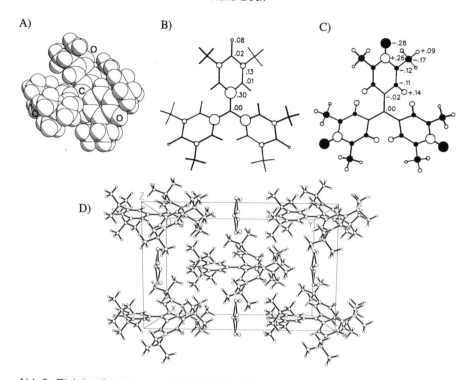

Abb.3. Einkristallstruktur von Tris(3.5-di(tert.-butyl-4-oxophenylen)methan-(n-Hexan) bei 298 K: (A) Raumfüllende Molekülstruktur-Darstellung, (B und C) ausgehend von den Strukturdaten nach dem (AM 1/CI)-Verfahren berechnete Spin- und Ladungsverteilungen (O: Spin,●/○: negative/positive Ladungen) sowie (D) Einheitszelle (C2/c, Z = 4) entlang der c-Achse.

Außenzentren des Trimethylenmethan-"Sterns" aufhalten, befinden sich die negativen Ladungen überwiegend an den "Chinon"-Sauerstoffen (Abb. 3: B und C).

Im locker gepackten Kristallgitter lagern sich in die Zwischenräume entlang einer zweizähligen Achse zusätzlich n-Hexan-Lösungsmittelmoleküle fehlgeordnet ein [17] (Abb. 3: D). Die meisten intermolekularen Abstände C(H)···(H)C liegen mit 394 bis 404 pm im Bereich der van der Waals-Radiensumme zweier Methylgruppen $CH_3)···(H_3C$ von 400 pm [2]. Demgegenüber entsprechen die Abstände C(H)···O von 319 pm zu den negativ geladenen Chinon-O-Zentren jeweils H-Brücken-Kontakten [3-5,7] und könnten daher die Anordnung der Triplett-Diradikale entlang der zweizähligen Drehachse verursachen, welche trotz der weiträumigen und mit dem Lösungsmittel n-Hexan gefüllten Hohlräume beobachtet wird.

1.4. Entwurf und Darstellung von Modell-Verbindungen zum Studium statischer Wechselwirkungen in Kristallen

Die vorgestellten Struktur-Beispiele (Abb. 1,2 und 3) zeigen verschiedenartige Facetten von Entwurf, Darstellung und Kristallisation geeigneter Modell-Verbindungen sowie der aus ihren Strukturdaten entnehmbaren Informationen auf:

▷ Die Cyanin-Störung des Ethen-Dianions ist quantenchemisch vorausberechnet worden [2], desgleichen die Abstandsabhängigkeit der Potentialkurven intramolekularer $N^{\oplus}H\cdots N$-Brücken [13] (5). Die erstmalige Strukturbestimmung eines Triplett-Diradikals [17] (Abb. 3) erfolgte ausgehend von Molekülzustands-Argumenten (1).

▷ Zur Darstellung und Kristallisation des luft-, licht- und temperaturempfindlichen Tetraphenylethendinatrium-Kontaktionentripels [15] (Abb. 1) mußten aprotische Bedingungen ($c_{H^{\oplus}}$ < 1 ppm) ausgearbeitet werden und für das intramolekular diprotonierte Tetrapyridylpyrazin [16] (Abb. 2: C) der Anionenaustausch $Cl^{\ominus} \rightarrow B^{\ominus}(C_6H_5)_4$. Demgegenüber erfordert die Isolierung der tiefvioletten Rhomben des Triplett-Diradikals [17] (6) retrospektiv keinen außergewöhnlichen Aufwand.

▷ Das Tetraphenylethendinatrium-Kontaktionentripel enthält auch den ersten strukturell charakterisierten Dibenzolnatrium-Sandwich [15] (Abb. 1: D) und die wegen der "chemischen Mimese" verblüffende, eingeebnete Struktur des intramolekular diprotonierten Tetrapyridylpyrazins [16] (Abb. 2: C) zugleich die mit 253 pm kürzeste bekannte $N^{\oplus}\cdots(H)\cdots N$-Wasserstoffbrücke. Für das bislang als "exotische" Spezies geltende Triplett-Biradikal konnten ausgehend von den Strukturkoordinaten die mit Molekülzustands-Meßdaten übereinstimmenden Spin- und Ladungsverteilungen berechnet werden [17] (Abb. 3: B und C).

▷ Beim Betrachten der Kristallstrukturen fallen zwar die verschiedenartigen Wechselwirkungen [3 - 8] von Coulomb-Anziehungen zwischen Ionen (Abb. 1) über gerichtete H-Brücken (Abb. 2) bis zu den vielfältigen van der Waals-Wechselwirkungen geringer Reichweite (Abb. 3) ins Auge, entziehen sich jedoch wegen ihrer Überlagerung detaillierter Diskussion oder quantenchemischer Berechnung.

Wie lassen sich statische Aspekte molekularer Selbstorganisation aus Einkristallstruktur-Daten ablesen? Erforderlich ist hierzu der Entwurf, die Darstellung und die Kristallisation von Modellverbindungen, in denen die jeweils zu untersuchende Wechselwirkung eine dominante Rolle spielt und von den anderen Gittereffekten zumindest näherungsweise separiert werden kann. Aus unserem sich ständig vergrößernden Repertoire seien stellvertretend folgende Leitlinien und Methoden vorgestellt, welche insbesondere die in der Reihenfolge Coulomb-Anziehung >> Wasserstoffbrücke > Ladungstransfer > van der Waals-Wechselwirkung drastisch abnehmenden Gitter(sublimations)enthalpie-Beiträge [4,5,9] berücksichtigen:

▷ Coulomb-Anziehungen lassen sich vorteilhaft an optimal solvatisierten Alkalimetall-Kationen studieren, welche bei Einelektronen-Reduktion von Kohlenwasserstoffen mit großen und wegen weitgehender Ladungsdelokalisation nicht mehr zur Kontaktionenpaar-Bildung fähigen π-Systemen kristallisieren (Kapitel 2).

▷ Für die Darstellung neuartiger Wasserstoffbrücken-Aggregate bewähren sich vorausberechenbare kooperative Effekte oder protonierte Salze mit dem, unter den Kristallisationsbedingungen nicht protonierbaren Tetraphenylborat-Anion (Kapitel 3).

▷ Die gezielte Kristallisation gemischt-gestapelter π- oder σ-Ladungstransfer-Komplexe gelingt meist, wenn die Donator- und Akzeptor-Komponenten ähnliche Gerüstsymmetrien und vergleichbare Überlappungsflächen aufweisen. Hiervon unabhängig nehmen die durch den Ladungstransfer bewirkten Strukturänderungen mit abnehmender Molekülgröße zu (Kapitel 4).

Van der Waals-Wechselwirkungen in Molekülen können elegant an räumlich überfüllten Organosilicium-Verbindungen untersucht werden, für welche zahlreiche Synthesemethoden verfügbar sind und deren, infolge der niedrigen effektiven Kernladung von Si-Zentren alternierend polarisierte Einfachbindungen $Si^{\delta\oplus}$-$C^{\delta\ominus}$-$H^{\delta\oplus}$ zu ausgeprägten Effekten führen (Kapitel 5).

▷ Für die Darstellung polymorpher Modifikationen derselben Verbindung, welche wegen der transparenten Strukturinformationen anstrebenswert sind, bewähren sich bei der Planung vorausberechnete, möglichst vergleichbar große Bildungsenthalpien und bei der Kristallzüchtung Zusätze polarer, jedoch nicht ins Gitter eingebauter Lösungsmittel oder Kurzweg-Sublimationen im Hochvakuum mit einem geringen Temperaturgradienten (Kapitel 6).

Die hier vorgelegte Zusammenfassung beschreibt überwiegend unsere eigenen Bemühungen, aus Einkristall-Strukturbestimmungen die gewünschten Auskünfte über sterische Wechselwirkungen in Molekülkristallen zu erhalten. Recherchen in der **C**ambridge **S**tructural **D**ata-Base und inbesondere die Ergebnisse anderer, an Selbstorganisations-Phänomenen interessierter Arbeitsgruppen (Kapitel 7) waren hierbei eine wertvolle Hilfe.

2. Strukturen optimal Ether-solvatisierter Alkalimetall-Kationen

Die thermodynamisch günstige Umhüllung von Kationen durch geeignete Lösungsmittel-Moleküle kann durch Kontrolle von Reaktionen wie Elektronentransfer, Kontaktionenpaar-Bildung oder Cluster-Aggregation (Abb. 1) die Multiparameter-Gleichgewichts-Netzwerke in Kristallisationslösungen entscheidend beeinflussen und ist daher für zahlreiche, geologische bis biologische Prozesse von außerordentlicher Bedeutung [2]:

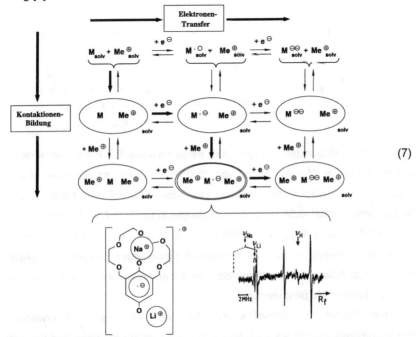

(7)

Geeignete physikalische Meßsonden erlauben oftmals, im Gleichgewichts-Netzwerk zum auskristallisierenden Reduktionsprodukt wichtige Zwischenstufen nachzuweisen - so in (7) durch ESR/ENDOR-Spektroskopie der charakteristischen $Na^{\oplus}$- und $Li^{\oplus}$-Kopplungen das Ionentripel eines 18-Krone-6-benzosemichinon-Radikalanions [1].

Für ein detailliertes Studium von Solvatationseffekten bieten sich vorteilhaft die kugelförmigen Alkalimetall-Kationen mit Edelgas-Elektronenkonfiguration an, welche eine Vielfalt alkaliorganischer Verbindungen bilden (vgl. Abb. 1 sowie (3) und (4)) und deren Ionisationsenergien IE_n^V sich wie die Radien der Atome r_{Me}, Kationen $r_{Me^{\oplus}}$ oder in Bindungen $r_{Me^{\delta\oplus}}$ über weite Bereiche erstrecken [21]:

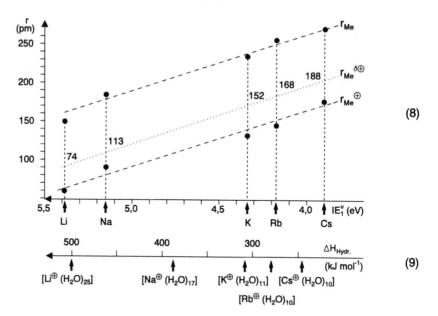

(8)

(9)

Überführungsmessungen belegen, daß beispielsweise $Li^⊕$-Ionen mit einem Radius von nur 69 pm in Wasser-Lösung von 25 (!) H_2O-Molekülen umgeben sind und die resultierende Hydratationsenthalpie von -500 kJ/Mol (!) trägt zum hohen Reduktionspotential -3.05 V (!) von Lithium-Metall bei [21]. $Na^⊕$-Kationen, welche mit $r_{Na^⊕}$ = 97 pm und $\Delta H_{Hydr.}$ = - 390 kJ/Mol [21] von den $Li^⊕$-Extremwerten bereits hinreichend abweichen und mit Kohlenstoff-Sechsringen sowohl inter- (Abb. 1: D) wie intramolekulare (4) Sandwich-Solvate bilden, erweisen sich für die geplanten Untersuchungen als bestgeeignet.

Ein illustratives Beispiel sowohl für die Gleichgewichts-Netzwerke (7) in Kristallisationslösungen als auch für die in diesen oft nur geringen Bildungsenthalpie-Unterschiede zwischen verschiedenartigen Solvaten ist die gemeinsame, 1:1-stöchiometrische Auskristallisation von Tetraphenylbutadien-Dinatrium aus Dimethoxyethan(DME)-Lösung zum einen als solvens-umhülltes Kontaktionenpaar $[M^{⊖⊖}(Na^⊕(DME)_2)_2]$ und zum anderen als solvens-getrenntes Ionentripel $[M^{⊖⊖}][Na^⊕(DME)_3]_2$ im gleichen Einkristall [22] (10). Das gleichzeitige und durch optimale Gitterpackung begünstigte 1:1-Auskristallisieren legt nahe, daß eine η^3-Koordination der zweifach DME-solvatisierten $Na^⊕$-Gegenkationen an das Kohlenstoff-Gerüst des Tetraphenyl-butadien-Dianions $M^{⊖⊖}$ energetisch vergleichbar sein sollte mit der zusätzlichen η^2-Koordination an die Sauerstoffzentren des dritten DME-Moleküls.

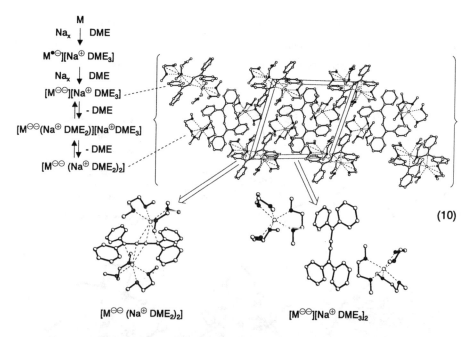

(10)

Zur numerischen Abschätzung von Solvatationsenthalpien haben wir ein einfaches Darstellungsverfahren für optimal solvatisierte Metallkationen [Me$^{\oplus}$(Solvens)$_x$] entwickelt [23]: Reduktiver Einelektronentransfer aus Metallspiegeln [Me]$_\infty$ auf ungesättigte Kohlenwasserstoffe C$_n$H$_m$ mit ausgedehnten und teils durch Verdrillungseffekte räumlich abgeschirmten π-Systemen z.B. in aprotischen Etherlösungen liefert solvens-getrennte Radikalanion-Salze [Me$^{\oplus}$$_{solv}$][M$^{\bullet\ominus}$]:

Redox-Halbsystem I: [Me]$_\infty$ + x Solvens $\xrightarrow{(\leftarrow)}$ [Me$^{\oplus}$(Solvens)$_x$] + e$^{\ominus}$

Redox-Halbsystem II: C$_n$H$_m$ + e$^{\ominus}$ $\longrightarrow$ [C$_n$H$_m$ $^{\bullet\ominus}$]

(11)

[C$_n$H$_m$ $^{\bullet\ominus}$]:

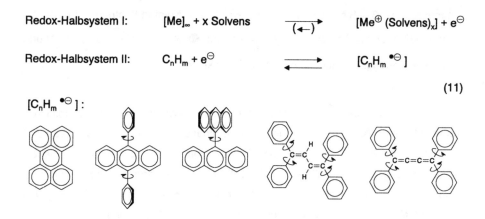

Strukturbestimmungen der kristallisierten solvens-getrennten Radikalanion-Salze zeigen Na$^\oplus$-Koordinationszahlen von 6, 7 und 8 [23]; zum Vergleich findet sich auch die Struktur des dreifach DME-solvatisierten Li$^\oplus$-Kations abgebildet (Abb. 4).

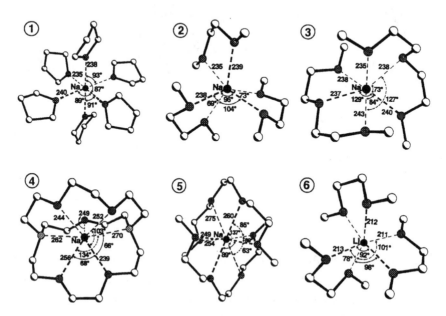

Abb. 4. Einkristallstrukturen verschiedenartig Ether-solvatisierter Na$^\oplus$- und Li$^\oplus$-Gegenkationen in solvens-getrennten Radikalanion-Salzen ungesättigter Kohlenwasserstoffe: 1) Hexakis(tetrahydrofuran)natrium, 2) Tris(dimethoxyethan)natrium, 3) Bis(diglyme)natrium, 4) (2.2.1.-Kryptand)natrium, 5) Bis(triglyme)natrium und 6) Tris(dimethoxyethan)lithium (●: Na$^\oplus$ oder Li$^\oplus$; ⊗: O, ⊘: N und ○: C; alle Bindungsabstände in pm und alle Winkel in °).

In den strukturell verschiedenartigen Ether-Solvaten nehmen die mittleren Kontaktabstände Na$^\oplus$···O mit steigender Koordinationszahl ($n_{Koord.}$) von 239 ± 4 pm für (2) über 243 ± 9 pm für (3) und 262 ± 13 pm für (5) zu, obwohl die Diederwinkel ω(OC-CO) = 59 ± 2° in den Polyethern [21] weitgehend übereinstimmen. Unter den sechsfach koordinierten Solvat-Komplexen zeigt nur [Na$^\oplus$(THF)$_6$] mit Winkeln ONa$^\oplus$O = 90 ± 3° eine angenähert oktaedrische Anordnung.

Die unterschiedlichen Kation-Solvathüllen lassen sich anhand von MNDO-Bildungsenthalpien (13) diskutieren, welche aus den Strukturkoordinaten (Abb. 4) in einer quasi-isodesmischen Näherung teils unter Herausnahme des Kations $Me^{\oplus}$ aus den Solvatkomplexen $[Me^{\oplus}(O_nR_2)_m]$ berechnet werden (13): Die hierdurch erhaltenen Bildungsenthalpiedifferenzen $\Delta\Delta H_f^{MNDO}$(Solvathülle) liefern bei Zerlegen in die einzelnen Ether $\Delta\Delta H_f^{MNDO}$(Freie Ether) und die Subtraktion beider $\Delta\Delta H_f^{MNDO}$(Solvens-Abstoßung). Die mittlere Bindungsenergie $BE^{MNDO}[Me^{\oplus}\cdots O(N)]$ der Solvatkomplexe wird durch $\Delta\Delta H_f^{MNDO}$ (Freie Ether) : Koordinationszahl $n_{Koord.}$ angenähert:

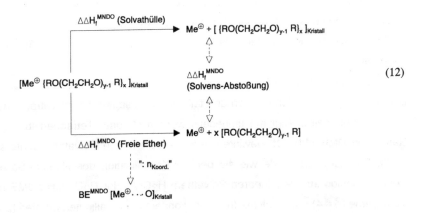

(12)

$Me^{\oplus}$	$n_{Koord.}$	Ether	$\Delta\Delta H_f^{MNDO}$			BE^{MNDO} $[Me^{\oplus}\cdots O]$ (Kristall)
			(Solvathülle)	(Solvens-Abstoßung)	(Freie Ether)	
$Na^{\oplus}$	6	6 THF	− 830	+ 243	− 587	−98
	6	3 DME	− 771	+ 100	− 671	− 112
	6	2 Diglyme	− 743	+ 66	− 677	− 113
$Li^{\oplus}$	6	3 DME	− 439	+ 189	− 250	− 42

(13)

Das Wechselwirkungs-Modell (12), welches die oft nur geringen Entropieanteile [23] vernachlässigt, liefert zu den untersuchten Kationensolvatations-Effekten folgende nützliche Informationen:
▷ Die Kationengröße spielt bei gleichartiger Solvatation eine entscheidende Rolle: So sinkt die mittlere Bildungsenergie in den Solvatkomplexen $[Me^{\oplus}(DME)_3]$ bei Übergang von $Na^{\oplus}$ zum 70 % kleineren $Li^{\oplus}$ infolge der zunehmenden Abstoßung

zwischen den umhüllenden Dimethoxyethan-Molekülen auf weniger als die Hälfte ab (14).

▷ Bei konstanter Kationen-Koordinationszahl sinken die Solvatationsenthalpien mit zunehmenden abstoßenden Wechselwirkungen innerhalb der Solvathülle erheblich: So wird - übereinstimmend mit der Laborerfahrung bei der Kristallisation von $Na^{\oplus}$-Salzen metallorganischer Anionen [23] - $Na^{\oplus}$ von 3 Molekülen Dimethoxethan energetisch günstiger solvatisiert als von 6 Molekülen Tetrahydrofuran; noch besser ist Diglykoldimethylether (Abb.4: 1 und 2).

▷ Bester Komplexbildner für $Na^{\oplus}$-Kationen ist erwartungsgemäß der 2.2.1-Kryptand (Abb. 4: 4); für die Solvatkomplex-Bildungsenthalpie (13) werden - 804 kJ Mol^{-1} abgeschätzt.

Die abgeschätzten Kation-Solvationsenthalpien wie (13) erlauben, zahlreiche Beobachtungen zu rationalisieren und teils vorauszusagen: So ist Tetraphenylethen mit Cäsium-Metall in Diglyme umgesetzt worden (4) oder Tetraphenylbutadien mit Natrium in DME (11). Oft bewirken gering erscheinende Solvatationsunterschiede große Strukturunterschiede wie sie bei der Kristallisation des Natrium-Salzes von Perylen-Dianion aus den linearen Polyethern $H_3CO(CH_2CH_2O)_nCH_3$ DME (n = 1), Tetraglyme (n = 4) und Triglyme (n = 3) besonders augenfällig hervortreten [2,23]:

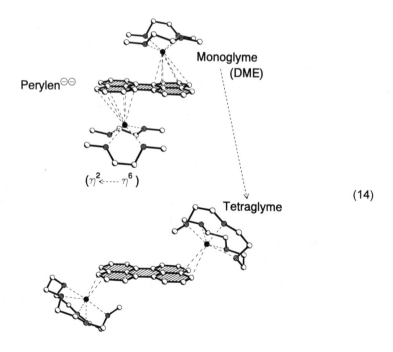

(14)

Bei Vierfach-O-Solvatation mit zwei Dimethoxyethan-Molekülen sind die $Na^\oplus$-Gegenkationen jeweils η^6 über diagonal entgegengesetzten Kohlenstoff-Sechsringen fixiert. Bei Fünffach-O-Solvatation mit einem Tetraethylenglykoldimethylether zieht das eine zusätzliche Sauerstoff-Zentrum die $Na^\oplus$-Gegenkationen "stroboskopisch" von der Perylendianion-Oberfläche bis sie an einem peripheren C-Zentrum nur noch η^1-koordinieren. Kristallisation aus dem besonders stark solvatisierenden Triglyme (14) führt schließlich zum solvensgetrennten Ionentripel $[Perylen^{\ominus\ominus}][Na^\oplus(H_3CO(CH_2CH_2O)_2CH_3)_2]_2$ mit optimal sechsfach O-koordinierten $Na^\oplus$-Gegenkationen.

Unser Bericht zum faszinierenden Phänomen der Kationen-Solvatation soll mit dem Ausblick enden, daß zukünftige Einkristall-Untersuchungen wie die hier für $Na^\oplus$ vorgestellten (Abb. 4, (11) und (15)) die umfangreich literaturbekannten, jedoch überwiegend "makroskopisch-thermodynamischen" Meßdaten verstärkt durch ein Detailinformationen vermittelndes "mikroskopisches" Strukturbild ergänzen und erweitern werden.

3. Neuartige Wasserstoffbrücken-Molekülaggregate

Protonentransfer ist der Elementarschritt in allen (Brönsted)Säure/Base-Reaktionen der belebten und unbelebten Natur und daher vergleichbar wichtig wie der Elektronentransfer in allen Redox-Reaktionen (vgl. Kapitel 2). Auch hier resultieren Kation/Anion-Paare, für die gegebenenfalls nach dem bewährten [2,13,14] Molekülzustands-Modell (1) Strukturänderungen zu erwarten sind. Ein Paradebeispiel ist die Protonierung des wegen räumlicher Überfüllung durch drei voluminöse Isopropylgruppen eingeebneten Triisopropylamins mit HCl in Methanol, bei der sich eine von ihnen quer dreht:

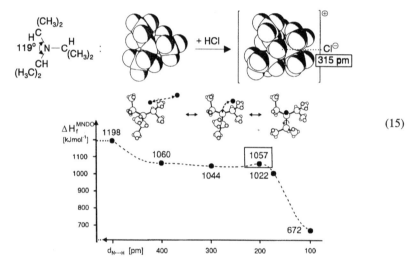

(15)

Eine MNDO-Enthalpiehyperfläche zeigt beim Abstand $H^{\oplus}\text{---}>N$ von etwa 200 pm eine geringe Aktivierungsbarriere für die beobachtete Rotation des sperrigen $(H_3C)_2HC$-Substituenten, welche die Protonierung unter N-Pyramidalisierung von 357° auf 341° ermöglicht. Das elektronenreiche Chlorid-Anion ist durch eine Brücke $N^{\oplus}(H)\cdots Cl^{\ominus}$ von 315 pm Länge angebunden (vgl. Abb. 2 B: 296 pm [16]).

Molekülaggregate mit H-Brückenbindungen sind wegen ihrer grundsätzlichen [3-5] und biologischen [7] Bedeutung umfangreich strukturell charakterisiert worden. Die Cambridge Structural Database enthält über 12000 Eintragungen, deren Durchsicht bei einer Rate von 25 Strukturen/Tag etwa 1,3 Jahre erfordern würde! Einigkeit besteht darüber [2-12], daß es sich um Coulomb-Potential-Wechselwirkungen handelt, welche mit den - vom Lösungsmittel abhängigen - pK_S-Werten der Protonendonatoren D und den pK_B-Werten der Protonenakzeptoren A ansteigen. Dabei verringern sich der Abstand $D(H^\oplus)\cdots A$ und die häufig durch Neutronenbeugung bestimmten Abstände $d_{D-H^\oplus}$ und $d_{H^\oplus-A}$. Die mit etwa 10^{-9} sec durchtunnelte Barriere des Doppelminimums (6) verschwindet schließlich in einem Einfachminimum-Potential. Quantenchemische Berechnungen sowohl nach semiempirischen als auch ab initio-Verfahren eignen sich zu geometrieoptimierten Struktur- und Energieabschätzungen unter Einschluß kooperativer Effekte [7,11,25,26].

Eigene Untersuchungen galten zwei Zielrichtungen: der Kristallzüchtung und Strukturbestimmung neuartiger H-verbrückter Molekülaggregate sowie den in ihnen erkennbaren kooperativen Effekten.

3.1. Von Kristallzüchtung und Strukturbestimmung zu neuen Projekten

Aus unseren Untersuchungen ist einleitend bereits die "Chemische Mimese" des diprotonierten Tetrapyridylpyrazins bei Anion-Austausch $Cl^\ominus \rightarrow B^\ominus(C_6H_5)_4$ vorgestellt worden [16] (Kapitel 1.2), durch welche die mit 253 pm kürzeste bekannte Brücke $N^\oplus(H)\cdots N$ entsteht (nach CSD-Recherche 1992). Aktuelle Projekte (vgl. Abb. 5) sind:

(A) Mit dem unter den Kristallisationsbedingungen nicht protonierbaren Tetraphenylborat-Anion lassen sich allgemein intramolekulare Protonierungen erzwingen. Hiervon ausgehend gelingt es, weitere ungewöhnliche Wasserstoffbrücken-Molekülaggregate wie Trimethylammonium-trimethylamin-Tetraphenylborat herzustellen und strukturell zu charakterisieren (Abb. 5: A): Wie ersichtlich weist das $C_3N\cdots NC_3$-Gerüst angenähert D_{3d}-Symmetrie auf und die auf Lücke stehenden H_3C-Substituenten erlauben einen 363 pm kurzen $N\cdots N$-Abstand [27]. Nach der 200 K-Strukturbestimmung weicht das H-Zentrum nur um 8 pm aus der Brückenmitte ab. Die neue Darstellungsmethode für unbekannte H-Brücken-Aggregate (Kapitel 1.4 und Abb. 5: A) durch Umkristallisation von Onium-Salzen protonierbarer Anionen wie $Cl^\ominus$ mit wasserfreiem Lithium-Tetraphenylborat erweist sich als weithin anwendbar und erlaubt sogar, ungleich substituierte Addukte wie Chinuclidinium-Pyridin-Tetraphenylborat zu untersuchen [27].

(B) Der Versuch, das explosive Trinitromethan durch Umkristallisation aus Dioxan gefahrlos zu reinigen, führt zum 2:1-Addukt [28] (Abb. 5: B). Die unbekannte Acidität der Kohlenwasserstoff-Säure in aprotischer Dioxan-Lösung muß beträchtlich sein, denn es resultiert nicht nur eine der wenigen bekannten gerichteten Kohlenstoff-H-Brücken $CH\cdots X$, sondern (nach CSD-Recherche 1994) mit einem Abstand $C\cdots O$ von 294 pm auch die bislang kürzeste.

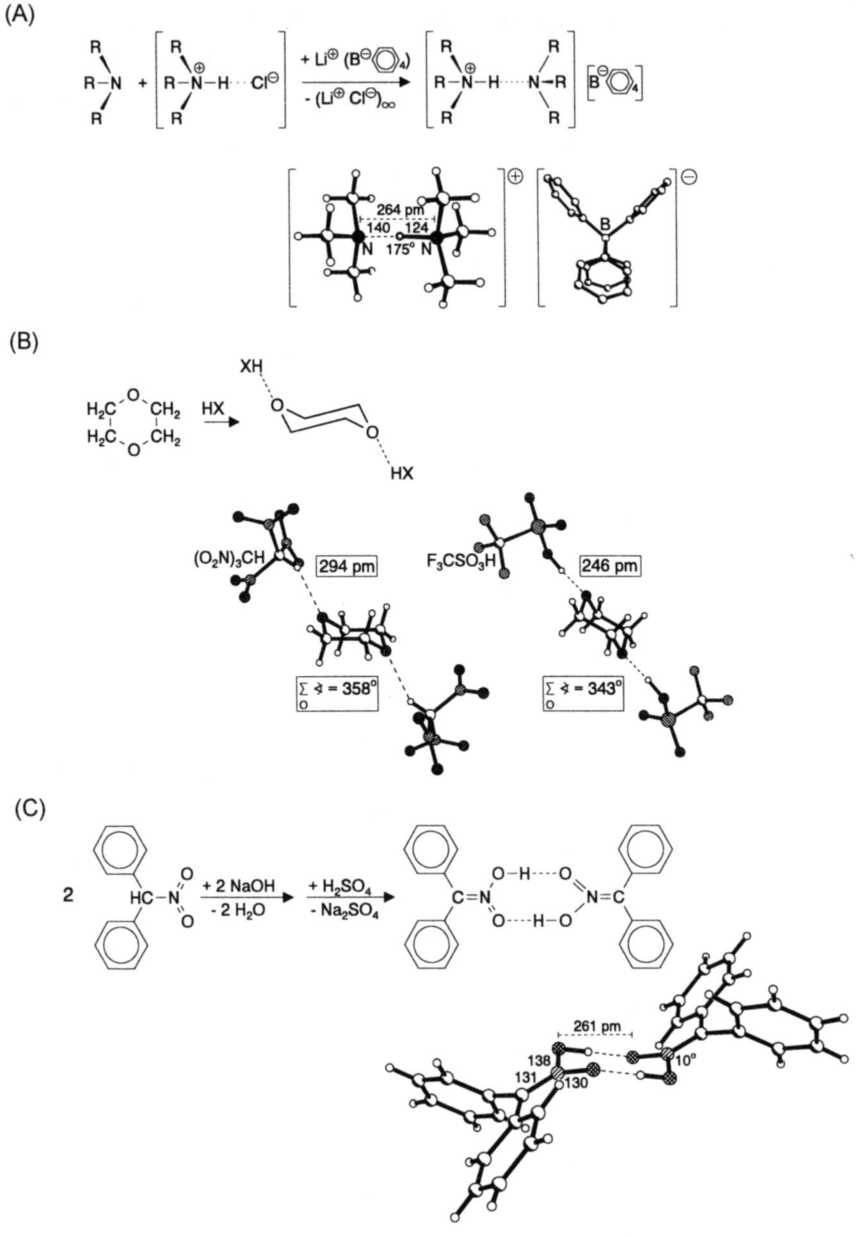

Abb. 5. Kristallzüchtung und Einkristallstrukturen neuartiger Wasserstoffbrücken-Molekülaggregate: (A) Trimethylammonium-trimethylamin-Tetraphenylborat [27], (B) Bis(trinitromethan)-[28] sowie Bis(trifluormethylsulfonsäure)-Dioxan [29] und (C) aci-Nitro(diphenyl)methan-Dimer [30]. (◯: C, ◍: N, ◉: O, ◐: F, ●: S; vgl. Text).

Die Winkelsumme des O-Zentrums von 358° zeigt dessen angenäherte Planarität auf und legt daher nahe, daß die H-Brückenlängen X(H)···O$_{Dioxan}$ mit den pK$_S$-Werten der Säuren XH korrelierbar sein könnten. Von den unterdessen untersuchten Beispielen zeigt das Bis(trifluor-methylsulfonsäure)-Dioxan (Abb. 5: B) zwar erwartungsgemäß eine kurze Brücke O(H)···O$_{Dioxan}$, jedoch mit einer Winkelsumme von 343° zugleich ein ausgeprägt pyramidales Brückenzentrum.

(C) Auf der Suche nach unbekannten H-Brückenaggregaten ist Diphenylnitromethan zunächst mit NaOH in sein Na$^{\oplus}$-Salz und dieses durch Ansäuern mit Schwefelsäure in das aci-Tautomere überführt worden; Kristallisation aus trockenem Diethylether liefert farblose Plättchen des H-Brücken-Dimeren mit externen C=N-Doppelbindungen an einem beidseits um 40° abgeknickten Achtring =(N=O···HO)$_2$N= [30] (Abb. 5: C). Hervorgehoben sei, daß sich bei der Einebnung des Methan-C-Zentrums durch Tautomerisierung HC-N=O → C=N-OH die 150 pm langen Einfachbindungen um etwa 20 pm (!) verkürzen. Ein für Nitromethan und sein noch unbekanntes aci-Nitro-Dimer berechnetes ab initio-Gesamtenergie-Profil (16) erläutert mit der hohen Tautomerisierungsbarriere CH → O, warum die Darstellung durch Ansäuern der Nitronat-Salze erfolgen muß [30]:

Die bislang strukturell wenig bearbeiteten aci-Nitro-Verbindungen sowie allgemein die H-Brücken-Aggregate von NOH-Komponenten bieten sich ebenfalls als neues Arbeitsgebiet an, in welchem von Dialkylaminaddukt-Zwölfringen =N(=O···HN(R)$_2$···HO)$_2$N= mit vier H-Brücken bis zu Dialkylketoxim-Dimeren (R$_2$CNOH)$_2$ viele neuartige und trotz der insgesamt über 12000 Eintragungen noch nicht in der CSD-Base registrierte Strukturen [30] aufzufinden sind.

Neuartige H-verbrückte Aggregate lassen sich allenthalben entdecken: Stellvertretend für viele weitere Beispiele (vgl. Kapitel 2.2, 3, 4 und 5) sei abschließend die Umsetzung von Hydrochinon-Derivaten an Natriummetall-Spiegeln unter aprotischen Bedingungen berichtet, welche unter H_2-Entwicklung zu $(DME)_2Na^{\oplus}$-komplexierten Anion-H-Brücken ($O^{\ominus} \cdots HO$) führt [31]:

(17)

Gesamthaft stellen somit die als Wasserstoffbrücken bezeichneten Protonentransfer-Zwischenstufen von Säure/Base-Reaktionen ein ungemein wichtiges Coulomb-Bindungsprinzip dar, dessen Energiebereich sich je nach den Moleküleigenschaften der Ausgangskomponenten von weniger als 1 kJ/Mol bis über 40 kJ/Mol erstrecken kann, und das wegen zusätzlicher kooperativer Effekte grundlegende Steuerungs- und Auswahl-Mechanismen ermöglicht.

3.2. Beobachtung und Berechnung kooperativer Effekte

Mehrfache Wasserstoffbrücken-Bindungen können mit kooperativen Effekten verknüpft sein, welche für Selbsterkennung und Selbstorganisation vor allen in biologischen Systemen von ausschlaggebender Bedeutung sind. So wird beispielsweise postuliert, daß die H-Brücken-Dynamik $A-H^{\oplus}\cdots B \leftrightarrow A\cdots H^{\oplus}-B$ im Zeitbereich von etwa 10^{-9} sec gekoppelt mit energetisch günstiger Mehrfach-Kooperation eine Auswahl des im Evolutionsprozeß jeweils bevorzugten der oft 10^x möglichen Isomeren oder Konformeren ermöglicht [7].

Beobachtung und Berechnung kooperativer Wasserstoffbrücken-Effekte sollen hier zunächst am Beispiel des Tetracyanhydrochinons und seines Dimorpholinium-Salzes (18) erläutert werden [11,12,25,26]: Tetracyan-hydrochinon, dessen Bis(phenol)-Acidität durch die vier Cyan-Akzeptorsubstituenten gesteigert wird, kristallisiert als H-Brücken-Polymerstrang mit pro Molekül vier H-Brücken $O-H\cdots N$ zu den schwach basischen $N\equiv C$-Gruppen.

Was kristallisiert wie und warum?

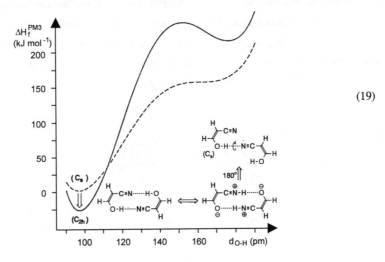

(18)

Demgegenüber erfolgt nach Zusatz der um nahezu 20 pK$_B$-Einheiten stärkeren (!) Base Morpholin ein doppelter Protonentransfer zum zweifachen Morpholinium-Salz des durch π-Ladungsdelokalisation stabilisierten Tetracyan-hydrochinon-Dianions (18) [25]. Ein Strukturvergleich zeigt, daß vier Brücken O-H···N beidseits jedes Sechsringes (18) gegen vier Brücken O$^\ominus$···H-$^\oplus$N außerhalb der Ringebene (18) ausgetauscht werden. Die für das Selbstorganisations-Phänomen wichtige Frage nach dem kooperativen Effekt bei paarweiser Ausbildung der H-Brücken, läßt sich durch Potentialberechnungen am alle wesentlichen Strukturmerkmale aufweisenden, kleineren Modellsystem (Z)1-Hydroxy-2-cyanethen (19) klären [25].

(19)

Wie ersichtlich liefert dimeres (Z)1-Hydroxy-2-cyanethen mit einem H-Brückenpaar (19: C_{2h}), bei schrittweisem Bewegen der H-Zentren entlang der O···N-Achsen analog (5) das erwartete Doppelminimum-Potential mit prohibitiv ungünstigerem polarem Dimeren. Zusätzlich kann es unter Konstanthalten aller restlichen Strukturparameter durch Drehen um eine O-H···N-Achse in ein Konformeres mit nur einer H-Brücke (19: Cs) umgewandelt werden. Für den so definierten kooperativen Effekt resultiert als Differenz der PM3-berechneten Bildungsenthalpien pro H-Brücke $\Delta\Delta H_f^{PM3}$ = 19 - 17 = 2 kJ/Mol [25]. Für das Bis(morpholinium)-Salz des Tetracyanhydrochinon-Dianions mit wesentlich größerem ionogenen Anteil steigt der kooperative Effekt auf $\Delta\Delta H_f^{PM3}$ = 55 - 37 = 18 kJ/Mol oder rund 33 % der H-Brücken-Bildungsenthalpie [25]. Den bislang größten kooperativen Effekt von etwa 40 % haben wir für das Modellsystem aci-Nitromethan-Dimer (16) abgeschätzt.

Kooperative Effekte ermöglichen Polymorphe wie das aus CCl_4-Lösung kristallisierte orthorhombische und das sublimierte trikline Dipyridylamin [32]:

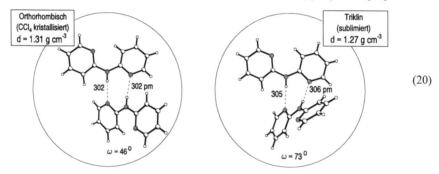

(20)

Von diesen ist sowohl nach den kristallographisch bestimmten Dichten als auch den berechneten Gitter(sublimations)enthalpien [9] die orthorhombische Modifikation stabiler [32]. Das N-phenyl-substituierte Pyridylamin-Hydrochlorid [12,26,33] kristallisiert überraschend mit vier kooperativen Brücken $N^{\oplus}H···Cl^{\ominus}$ sowie $NH···Cl^{\ominus}$ und einem Abstand $Cl^{\ominus}···Cl^{\ominus}$ von nur 397 pm [33]:

(21)

Alle Rekorde bricht das aus wäßriger Lösung als Dihydrat kristallisierende Dipyridinium-Hydrochlorid, in dessen Kristallgitter (22) [33] eine zweidimensionale Chlorid/Wasser-Schicht ($\cdots Cl^{\ominus}\cdots HOH\cdots HOH\cdots)_{\infty}$ an den jeweils protonierten und übereinander gestapelten N-Heterocyclen verankert ist:

(22)

Weitere der häufigen H-Brücken-Netzwerke werden im Ladungstransfer-Komplex{Pyren···Tetracyanhydrochinon} (Kapitel 4) oder bei den isotypen Einschluß-Verbindungen von Ditosyl-p-phenylendiamin (Kapitel 6) aufgefunden. Durch Kristallisation geeigneter N-Heterocyclen-Hydrochloride wie des diprotonierten 2,4,6-Tripyridyl-1,3,5-triazins aus Wasser gelingt darüber hinaus die Herstellung räumlich begrenzter und lipophil umhüllter H-Brücken-Molekülaggregate [33]:

(23)

Der amüsante Tetrachlorid-Oktahydrat-Tropfen (23) zwischen vier Dipyridinium-pyridyl-triazin-Scheiben soll den Zwischenbericht über unsere Untersuchungen an neuartigen Wasserstoffbrücken-Molekülaggregaten beschließen.

4. Donator/Akzeptor-Komplexe: Von Ladungstransfer zwischen Molekülen zu Elektronentransfer in Redox-Reaktionen

Wechselwirkungen zwischen Donator genannten Molekülen mit relativ niedrigen Ionisierungsenergien und als Akzeptoren definierten mit relativ großen Elektronenaffinitäten sind ebenfalls überwiegend durch Coulomb-Anziehung bedingt [4]. Die resultierenden Donator/Akzeptor-Komplexe, welche trotz des geringen Ladungstransfers von oft weniger als 0.1 Elektron [4] häufig irreführend als "Charge Transfer-Komplexe" bezeichnet werden, lassen sich in Lösung meist nur in Gleichgewichten nachweisen. Kristallisiert weisen sie von Donator wie Akzeptor verschiedene Eigenschaften auf, die über einen weiten Bereich und insbesondere je nach Gitteranordnung in "gemischten" oder "getrennten" Stapeln variieren [4]. Wenn auch weniger umfangreich untersucht als die oft biologisch wichtigen H-Brücken-Aggregate, so sind doch die Strukturen Tausender dieser Komplexe bereits in der CSD-Base gespeichert. Unsere Bemühungen, welche im Gegensatz zur langjährigen Bearbeitung von Kontaktionenmultipeln (Kapitel 2) und von Wasserstoffbrücken-Bindungen (Kapitel 3) erst kürzlich begannen [12], drückt der Kapitel-Titel aus: Verlaufen Redox-Reaktionen in der Regel über Donator/Akzeptor-Komplexe und sind deren Strukturen Informationen über Ansatzpunkt und Ablaufrichtung zu entnehmen?

Ausgangspunkt war die gezielte Kristallisation gemischt-gestapelter "klassischer" Komplexe {D···A} aus folgenden π-Donatoren und π-Akzeptoren:

(24)

Nach den sich bewährenden Auswahlkriterien gleicher Gerüstsymmetrie für D und A sowie vergleichbarer π-Überlappungsflächen sind insgesamt ein Dutzend Komplexe {D···A} hergestellt worden [34], deren Strukturbestimmung in allen Fällen die erwünschte gemischt-gestapelte Gitteranordnung bestätigte (Abb. 6).

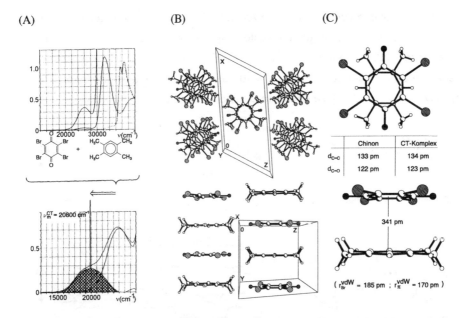

Abb. 6. Der Donator/Akzeptor-Komplex {Durol···Tetrabrom-p-benzochinon} [34]: (A) UV-Nachweis in H$_2$CCl$_2$-Lösung (υ_m: Durol 36300 cm^{-1}, Tetrabrom-p-benzochinon 26000 cm^{-1}, CT-Bande 20800 cm^{-1}), (B) Einheitszelle (monoklin, C2/m, Z = 2) in Y- und in X-Richtungen und (C) Achs- und Seitenansicht des Komplexes (⊛ : O, ⊘ : Br, ○ : C) mit ausgewählten Bindungslängen und van der Waals-Radien (vgl. Text).

Die Anregungsenergie des Komplexes {Durol···Bromanil} wird in Methylenchlorid-Lösung gegenüber der des Donators um 36300 - 20800 = 15500 cm^{-1} = 1.9 eV (!) erniedrigt (Abb. 6: A). In den gemischten Stapeln (Abb. 3: B) sind die Zentroide der übereinanderliegenden D- und A-Sechsringe um 341 pm voneinander entfernt [34]. Dieser Abstand entspricht dem doppelten van der Waals-Radius von Kohlenstoff-π-Systemen (Abb. 3 C: r$_\pi^{vdW}$ = 170 pm) und wird durch die optimale "Ineinanderschachtelung" der H$_3$C- und der Br-Substituenten der gekreuzt angeordneten D- und A-Molekülgerüste von D$_{2h}$-Symmetrie ermöglicht. Trotz beträchtlicher CT-Anregungserniedrigung und fehlender räumlicher Abstoßung im Komplex {D···A} ergibt ein Vergleich mit den Strukturdaten der Neutralmoleküle D und A innerhalb der Meßgenauigkeit keinerlei Änderungen: Die formale Ladungstrennung ist demnach so gering, daß sie bestenfalls vernachlässigbare Geometriestörungen verursacht.

Strukturänderungen von Donator- und Akzeptor-Komponenten sind auch dann nicht erkennbar, wenn das "Fischgräten-Muster" [4] des Komplexes von {Perylen···Tetracyanbenzol} [12,34] durch vier zusätzliche Brücken (CN···HO) pro "Tetracyanbenzol-Akzeptor" derart eingeebnet wird, daß sich im analogen {Pyren···Tetracyanhydrochinon [12,34] die Abstände Donator···Akzeptor um 5 pm verkürzen:

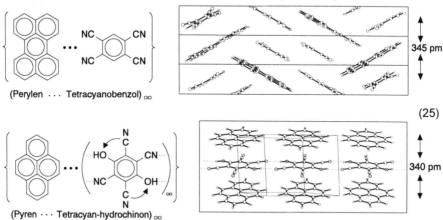

(25)

Abhilfe schaffen kleinere Donator- und/oder Akzeptor-Moleküle (24), welche erkennbare und oft drastische Strukturänderungen bewirken [34]. Hierfür sei als Beispiel der Komplex {1,2,4,5-Tetra(thioethyl)benzol···Brom} (26) [34] ausgewählt, welcher beim Abkühlen einer H_2CCl_2-Lösung in schwarzen Blöcken kristallisiert:

(26)

d_{BrBr}^{CT} = 240 pm
d_{BrBr}^{Gas} = 227 pm
$\Delta(S\rightarrow Br)$ = + 13 pm

Der Brom/Brom-Abstand verlängert sich gegenüber 227 pm für das Br_2-Molekül in der Gasphase um 13 pm(!) auf 240 pm im Komplex mit 1,2,4,5-Tetra(thioethyl)benzol. Auf den hierdurch erkennbaren Akzeptor Br-Br werden nach MNDO-Abschätzung etwa 0.4 Elektronen übertragen.

Unterdessen liegen erste Antworten zur Ausgangsfrage nach Donator/Akzeptor-Komplexen als möglichen Zwischenprodukten von Redox-Reaktionen vor [35]. Umsetzung des elektronenreichen Moleküls Dithioethen-trithiocarbonat $C_4H_2S_5$ mit Iod in H_2CCl_2 führt zum Redoxprodukt $[(C_4H_2S_5)_2I^{\oplus}][I_3^{\ominus}]$; aus dem weniger polaren Lösungsmittel 1-Chlorpentan kristallisiert dagegen der tiefrote Komplex $\{C_4H_2S_5\cdots I_2\}$ (27) [35]:

Die Reaktion in H_2CCl_2 läßt sich als Redox-Disproportionierung $2\ I_2 \rightarrow (I^{\oplus}) + I_3^{\ominus}$ formulieren, die durch die $I^{\oplus}$-Liganden Dithioethen-trithiocarbonat begünstigt wird. Der in 1-Chlorpentan isolierbare Komplex $\{C_4H_2S_5\cdots I\text{-}I\}$ gleicher Stöchiometrie ist als Zwischenprodukt vorstellbar, insbesondere, weil Strukturparameter wie die Bindungslängen C=S, S⋯I oder I-I sich nur wenig ändern, und daher ein mikroskopischer Reaktionspfad nach dem Prinzip minimaler Strukturänderung vorgezeichnet scheint.

Erfolgte Redox-Reaktionen sind in Kristallstrukturen vor allem dann gut zu erkennen, wenn eines der Redox-Produkte auffällige Strukturänderungen relativ zum Ausgangsmolekül zeigt. Dieses ist beispielsweise in der Umsetzung von Tetrakis(dimethylamino)-p-benzochinon mit I_2 der Fall, bei der sein cyanin-verzerrtes Dikation [36] entsteht, oder analog in der Umsetzung des Bis(imidazol)-Derivates (24: D) mit Tetracyan-p-chinodimethan als Akzeptor (24: A), welche ebenfalls als Zweielektronentransfer-Reaktion verläuft. Das derzeit intensiv bearbeitete Projekt über Donator/Akzeptor-Komplexe und gegebenenfalls deren Weiterreaktion unter Elektronentransfer sollte zugleich wichtige Informationen über (schwache) Coulomb-Wechselwirkungen zwischen Molekülen in Kristallen liefern.

5. Van der Waals-Anziehung in poly(trimethylsilyl)-substituierten Molekülen

Die Wechselwirkungen zwischen ungeladenen Molekülen sind weit schwächer als die Coulomb-Anziehung zwischen (Kapitel 1) oder durch Ionen wie bei Kationen-Solvatation (Kapitel 2), in H-Brücken (Kapitel 3) oder in {Donator···Akzeptor}-Komplexen (Kapitel 4) und können daher in der Regel nur dann selektiv untersucht werden, wenn überdeckende dominante Effekte fehlen. Van der Waals-Anziehungsenergien lassen sich aus den Gitter(sublimations)energien abschätzen, die zur Entfernung des betreffenden Moleküls aus dem Kristallgitter erforderlich sind: Für Kohlenwasserstoffe liegen sie häufig zwischen 50 und 100 kJ/Mol [4,5,8,9] und bei 8 bis 12 Nachbarmolekülen ergeben sich als Energiebeiträge für deren van der Waals-Anziehung etwa 4 bis 10 kJ/Mol. Allgemein werden van der Waals-Wechselwirkungen als nicht-bindend und ungerichtet gekennzeichnet [4,5], auf Multipol-Störungen zurückgeführt [4] und ihre Beiträge zur potentiellen Energie durch empirische Potentialansätze des Typs $U = 1/2 \, \Sigma(-Ar_{ij}^{-6} + Br_{ij}^{-12})$ angenähert [4,9], in denen der Term r^{-6} die Anziehung langer Reichweite und r^{-12} die Abstoßung bei kurzen Abständen beschreibt. Die attraktiven van der Waals-Kräfte bewirken wichtige chemische und biologische Phänomene von der Molekülstruktur über zwischenmolekulare Wechselwirkungen bis zur Kristallisation und bestimmen zusammen mit den abstoßenden Kräften kürzerer Reichweite die Gleichgewichtslagen der Zentren in Molekülen und der Moleküle in Gittern [4].

Jahrelange Erfahrung in der Synthese von Organosilicium-Verbindungen, der Messung ihrer charakteristischen Eigenschaften und deren Interpretation anhand von Energiezustands-Modellen (1) [13] sind Ausgangspunkte unseres Beitrages zur van der Waals-Anziehung in und zwischen diesen Molekülen, die wegen der niedrigen effektiven Kernladung der Si-Zentren polarisierte Bindungen $Si^{\delta\oplus}-C^{\delta\ominus}-H^{\delta\oplus}$ und damit molekulare CH-Dipole aufweisen. Die Untersuchungen [37,38] sind teils an zielgerichtet entworfenen Substanzen wie denen mit Substituenten-Halbschalen beidseits von variierbaren Abstandshaltern durchgeführt worden und gehen von spektroskopischen Befunden wie vor allem der Spinverteilung in Lösung erzeugter und infolge kinetische Umhüllung persistenter Radikalionen aus [13, 39-43]. Die räumliche Überfüllung der zugehörigen Neutralmoleküle wird an den Kalottendarstellungen ihrer Strukturen deutlich sichtbar:

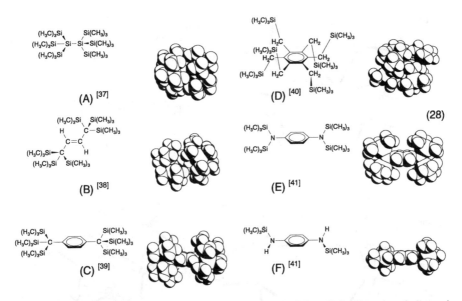

Von den Molekülen (28) enthalten (A) bis (C) dreizählige Substituenten-Achsen in den 270, 403 und 604 pm [37-39] voneinander entfernten (29) und jeweils 40 Zentren umfassenden Substituentengruppen E[Si(CH$_3$)$_3$]$_3$ mit E = C, Si. Im weitgehend starren Radikalkation des Hexakis(trimethylsilylmethyl)benzols (D) können sich die raumerfüllenden Alkylsilyl-Reste nicht mehr um ihre CC-Verknüpfungsachsen drehen [40]. Im Gegensatz zum Tetrakis(trimethylsilyl)-p-phenylendiamin (E), welches infolge der in die Benzolringebene gedrehten N-Elektronenpaare zu einem Wurster's Blau-Radikalanion reduziert werden kann, zeigt das sterisch weniger überfüllte disubstituierte Derivat (F) die volle n$_N$/π-Wechselwirkung, welche sich im Kristall durch Strukturvergleich (32) und in der Gasphase PE-spektroskopisch nachweisen läßt [41].

Das Vorgehen, van der Waals-Anziehung [26,42,43] nachzuweisen, sei ausgehend vom Strukturvergleich der Moleküle Hexakis(trimethylsilyl)-disilan (28: A) und -butin-2 [(H$_3$C)$_3$Si]$_3$C-C≡C-C[Si(CH$_3$)$_3$]$_3$ [44] (Abb. 7) aufgezeigt, in denen die beiden Substituenten-Halbschalen -Si[Si(CH$_3$)$_3$]$_3$ und -C[Si(CH$_3$)$_3$]$_3$ durch Abstandshalter (Si)-(Si) und (C)-C≡C-(C) von 240 pm [37] und 414 pm [44] voneinander getrennt sind (29). Die verschieden langen Abstände führen zu unterschiedlichen Diederwinkeln ω(SiSi-SiSi) = 43° und 77° (Abb. 7: B) oder zu identischen ω(SiC···CSi) = 60° (Abb. 7: D). Die Korrelation mit weiteren, teils literaturbekannten [45] Diederwinkeln in Richtung der lokalen dreizähligen Substituentenachsen (29) ergibt ein einfaches Kriterium für räumliche Überfüllung (29).

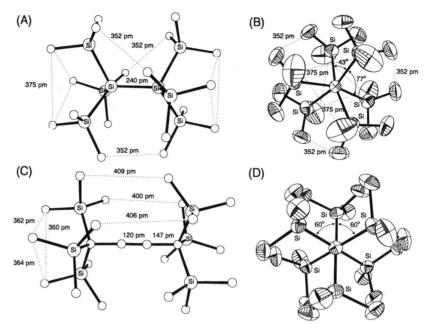

Abb. 7. Einkristall-Molekülstrukturen von Hexakis(trimethylsilyl)disilan (rhomboedrisch R3c, Z = 6, 300 K [37]) und -butin-2 (triklin, P$\bar{1}$, Z = 1, 239 K [44]): (A) und (C) jeweils Seitenansicht mit ausgewählten Bindungslängen und van der Waals-Abständen zwischen nichtbindenden Methylkohlenstoff-Zentren sowie (B) und (D) Achsansichten mit 50 % thermischen Ellipsoiden sowie Diederwinkeln ω(SiSi-SiSi) von 43° und 77° (B) oder ω(SiC···CSi) = 60° (D). Vgl. (29).

Halbkugeln in △ Abstand	[(H$_3$C)$_3$X]$_3$Y···Y[X(CH$_3$)$_3$]$_3$	[Lit.]	d$_{X\cdot Y}$	d$_{C(H)\cdot(H)C'}$	ω(X$_3$Y···YX$_3$)	
(H$_3$C)$_3$Si, (H$_3$C)$_3$Si—Si—Si—Si(CH$_3$)$_3$, (H$_3$C)$_3$Si, Si(CH$_3$)$_3$	Si$_3$Si——SiSi$_3$	[37]	240	≥ 352	43 + 77	
	C$_3$Si——SiC$_3$	[45]	270	≥ 334	45 + 75	
	C$_3$Si——O——SiC$_3$	[45]	333	≥ 355	{43 + 77, 47 + 73}	
(H$_3$C)$_3$Si, (H$_3$C)$_3$Si—C—C≡C—C—Si(CH$_3$)$_3$, (H$_3$C)$_3$Si, Si(CH$_3$)$_3$	Si$_3$C—CH=CH—CSi$_3$	[38]	403	≥ 404	58 + 63	
	Si$_3$C——C≡C——CSi$_3$	[44]	414	≥ 400	60	
(H$_3$C)$_3$Si, (H$_3$C)$_3$Si—C—⬡—C—Si(CH$_3$)$_3$, (H$_3$C)$_3$Si, Si(CH$_3$)$_3$	Si$_3$Si——Zn——SiSi$_3$	[45]	468	—	60	(29)
	Si$_3$C——⬡——CSi$_3$	[39]	604	≥ 620	60	

Bei van der Waals-Abstandssummen zwischen nicht-benachbarten Methyl-Kohlenstoffzentren -CH$_3$)(H$_3$C- von < 400 pm sind die Diederwinkel ω(SiSi-SiSi) oder ωSiC···CSi ungleich, bei solchen > 414 pm dagegen identisch (29). Ursache hierfür ist, daß bei zu kurzen Abstandshaltern eine zusätzliche Verzahnung der H$_3$C-

Gruppen unter Einschränkung ihrer freien Drehbarkeit erfolgen muß. Sie betrifft vor allem die Methylreste im Molekülinnern zwischen den Halbschalen, deren nichtbindende Abstände C···C teils bis auf 352 pm abnehmen (Abb. 7: A) und dann etwa 12 % kürzer sind als die van der Waals-Radiensumme zweier Methylgruppen -CH$_3$)(H$_3$C- von 400 pm [2].

Die SiSi-Bindungslängen der Disilan-Derivate X$_3$Si-SiX$_3$ mit X = CH$_3$, C(CH$_3$)$_3$ oder und Si(CH$_3$)$_3$ [37,45] sowie die literaturbekannter [42], mehrfach tert.butyl-substituierter cyclischer und linearer Trisilane lassen sich mit Pauling-Bindungsordnungen, lg (PBO) = [d(1)-d(x)]/60, linear korrelieren [11,12,42,43]:

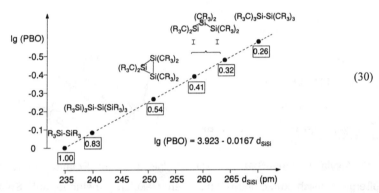

(30)

Relativ zum Standard Hexamethyldisilan mit d(1) = 235 pm sinken die Beiträge lg(PBO) bis auf 0.26 für das Hexakis(tert.butyl)-Derivat, in welchem der Abstand zwischen den Halbschalen Si[(C(CH$_3$)$_3$]$_3$ infolge der extremen räumlichen Überfüllung um 35 pm auf 270 pm (!) gedehnt ist [45] (29). Trotzdem wird keine Dissoziation in Tri(tert.butyl)silyl-Radikale (R$_3$C)$_3$Si-Si(CR$_3$)$_3$ ⇔ 2 •Si(CR$_3$)$_3$ beobachtet und es ist daher vorgeschlagen worden [42], daß die nach (30) auch in thermisch stabilen Organopolysilan-Derivaten oft erheblich geschwächten SiSi-Bindungen durch zusätzliche "van der Waals-Bindungen" in der das Molekülgerüst umgebenden "Kohlenwasserstoff-Haut" verstärkt werden. Die ausgehend von den Molekülstrukturen (28) AM1-berechneten Ladungsordnungen ergeben eine, vor allem durch die niedrige effektive Kernladung von Si-Zentren [13] bedingte Bindungspolarisation Si$^{\delta\oplus}$-C$^{\delta\ominus}$-H$^{\delta\oplus}$. Die in Strukturen wie der von Hexakis(trimethylsilyl)disilan (Abb.7: A und C) aufgefundenen intramolekularen C···C-Abstände von teils nur 352 pm sind daher mit attraktiven (Multipol)-Wechselwirkungen zwischen den ineinander verzahnten Methylgruppen -CH$_3$)···(H$_3$C- in Einklang.

Attraktive van der Waals-Wechselwirkungen infolge $Si^{\delta\oplus}$-$C^{\delta\ominus}$-$H^{\delta\oplus}$-polarisierter Kohlenwasserstoff-Hüllen sind für Organosilicium-Verbindungen (28) auch in ihren Kristallgittern zu erwarten, wenn ihre kürzesten intermolekularen Abstände - C(H)···(H)C- die van der Waals-Radiensumme zweier Methylgruppen von 400 pm unterschreiten. So ergibt eine SHELXTL-Analyse der Kristallstrukturen [45] des linearen Disiloxans [CH$_3$C)$_3$C]Si-O-Si[C(CH$_3$)$_3$]$_3$ (29), welches infolge der hohen effektiven Kernladung des Sauerstoff-Zentrums verstärkt $O^{\delta\ominus}$-$Si^{\delta\oplus}$-$C^{\delta\ominus}$-$H^{\delta\oplus}$ polarisiert ist, den kürzesten aufgefundenen intermolekularen Kontaktabstand von nur 337 pm; weitere sind mit 353, 358 und 361 ebenfalls sehr kurz.

Verbindung	$d_{C\cdots C}^{inter}$ [pm]
[(H$_3$C)$_3$Si]$_3$C-C≡C-C[Si(CH$_3$)$_3$]$_3$	391
[(H$_3$C)$_3$Si]$_3$Si-Si[Si(CH$_3$)$_3$]$_3$	389
[(H$_3$C)$_3$Si]$_3$C-C$_6$H$_4$-C[Si(CH$_3$)$_3$]$_3$	382
[(H$_3$C)$_3$C]$_3$Si-Si[C(CH$_3$)$_3$]$_3$	371
[(H$_3$C)$_3$C]$_3$Si-O-Si[C(CH$_3$)$_3$]$_3$	337 ⟹

(31)

Auch Alkylammonium-Salze weisen infolge analoger Polarisation $N^{\delta\oplus}$-$C^{\delta\ominus}$-$H^{\delta\oplus}$ außergewöhnlich kurze intra- und intermolekulare Abstände auf: So beträgt im überfüllten Triisopropylammonium-Chlorid (15) der kürzeste Abstand C···C zwischen zwei Methylgruppen nur 333 pm (!) und liegt damit 17 % innerhalb ihrer van der Waals-Radiensumme [24].

Der über eine behinderte Moleküldynamik wie im hexa-substituierten Benzol-Derivat C$_6$[CH$_2$Si(CH$_3$)$_3$]$_6$ (28: D) hinausgehende Raumbedarf von Trimethylsilyl-Gruppen kann zu tiefgreifenden Änderungen von deren Struktur und Eigenschaften führen. Ein Paradebeispiel hierfür ist das tiefblaue und "Wurster's Blau" genannte Radikalanion des vierfach (H$_3$C)$_3$Si-substituierten p-Phenylendiamins [41,43] (28: E), welches wegen räumlicher Überfüllung drastische Strukturverzerrungen zeigen muß: Die ESR-spektroskopisch nachgewiesene Einelektronen-Einlagerung zum Radikalanion an einem Natrium-Metallspiegel legte eine Verdrillung der beiden [(H$_3$C)$_3$Si]$_2$N-Gruppen senkrecht zur Sechsring-Ebene nahe, welche nunmehr durch eine Einkristall-Strukturbestimmung bestätigt und durch Vergleich mit dem N,N'-Bis(trimethylsilyl)-Derivat zusätzlich erläutert wird. Der strukturbestimmende Einfluß der Trimethylsilyl-Gruppen ist deutlich sichtbar (32): Im tetra-substituierten p-

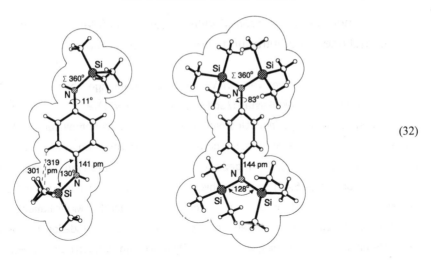

(32)

Phenylendiamin sind die allgemein stets eingeebneten [(H$_3$C)$_3$Si]$_2$N-Einheiten nahezu senkrecht zum Sechsring angeordnet (32: ω(SiN-CC) = 83°); im nur disubstituierten (32: ω(SiN-CC) = 11°) dagegen nahezu in der Ringebene. Die Überlappung zwischen den (H$_3$C)$_3$Si-Gruppen und den ortho-Ringwasserstoffen wird hier durch eine gauche-Konformation und die Aufweitung des Winkels ∢CNSi = 130° herabgesetzt [41]. Die hierdurch ermöglichte n$_N$/π-Wechselwirkung verkürzt die NC-Bindungen von 144 pm (32) auf 141 pm (32). Für die Gasphase belegen die n$_N$/π-Aufspaltungen in den Photoelektronen-Spektren von weniger als 1 eV und über 3 eV vergleichbare Molekülstrukturen [41]. Das Tetrakis(trimethylsilyl)-p-phenylendiamin wird daher auch in Lösung verdrillt vorliegen und die Einelektronen-Einlagerung zum Radikalanion vor allem dadurch ermöglicht, daß die Donor-n$_N$/π-Delokalisation entfällt und gleichzeitig eine σ-Akzeptorwirkung infolge der hohen effektiven N-Kernladungen an den 1,4-Ringpositionen wirkt.

Zusammenfassend ergeben die Strukturbestimmungen räumlich überfüllter Organosilicium-Verbindungen:
▷ Verkürzte intra- und intermolekulare Kontaktabstände, welche einer van der Waals-Anziehung entsprechen, sind nachweisbar.
▷ Ihre Grundzustände (1) werden durch sterisch bedingte Strukturveränderungen und gehinderte Moleküldynamik beeinflußt.
In den durch Einelektronen-Redoxreaktionen erzeugbaren Radikalionen läßt sich zusätzlich eine teils extreme Spindelokalisation in geeignete Silyl-Substituenten beobachten [42,43], die weiterer Untersuchung wert ist.

6. Polymorphe und isotype Modifikationen von Molekülkristallen: Informationen über intra- und intermolekulare Wechselwirkungen

Zum Studium attraktiver van der Waals-Wechselwirkungen bieten sich insbesondere polymorphe Molekülkristall-Modifikationen derselben Verbindung an [4,5], in welchen bedingt durch geringe Unterschiede in den zwischenmolekularen Wechselwirkungen einzelne lokale Gesamtenergieminima (1) vorliegen können. Andererseits gelingt es zunehmend, durch gezielte geringfügige Änderungen der experimentellen Bedingungen [4,5,46] wie verschieden polaren Lösungsmitteln oder deren Gemischen [47,48] oder durch Sublimation [49] polymorphe Modifikationen von Molekülkristallen zu züchten. Innerhalb des Molekülzustands-Modelles (1) werden somit Verbindungen mit eingeschränkter Dynamik an verschiedenen Punkten "flacher Potentialmulden" in feste Phasen eingebettet. Die Cambridge Structural Data-Base [3-5] enthält über tausend derartiger Strukturbestimmungen und in der Regel ist die thermodynamisch stabilere Gitteranordnung wie in (20) durch eine höhere Dichte gekennzeichnet. Messungen [4,5] und Berechnungen [9, 50] der Gitter(sublimations)enthalpien belegen, daß die Energieunterschiede polymorpher Modifikationen gering sind und häufig weniger als 10 kJ/Mol betragen [5]: In der "Hierarchie" von Molekülstruktur-Änderungen, für welche die erforderlichen Energiebeiträge von Δ Bindungslängen über Δ Bindungswinkel zu Δ Verdrillungswinkeln sinken, sind es daher vor allem unterschiedliche Molekülkonformationen (vgl. (20)), welche sich in polymorphen Kristallen "eingefroren" finden.

Diesen Sachverhalt sollen zwei ausgewählte und sich ergänzende Beispiele näher erläutern, die zu charakteristischen Strukturunterschieden führende Verdrillung beider Diisopropylamino-Gruppen in Tetraisopropyl-p-phenylendiamin [49] (Abb. 8) und dem die Gitteranordnung drastisch verändernden Herausdrehen eines der vier H$_3$CO-Substituenten aus der Sechsringebene in 2,3,7,8-Tetramethoxythianthren [48] (Abb. 9).

Liegenlassen einer Kristallisations-Falle mit einer gesättigten Lösung von N,N,N',N'-Tetraisopropyl-p-phenylendiamin in Petrolether unter Argon auf einem Labortisch, der von der Nachmittagssonne überstrichen wurde, führte zur zusätzlichen Abscheidung von Kristallen durch Sublimation an die 2 cm über der Lösungsoberfläche liegende Glaswandung. Die sich aus der Lösung rasch abscheidenden Kristalle erweisen sich als triklin (Abb. 8: C), die reproduzierbar langsam sublimierenden als monoklin [49] (Abb. 8: A).

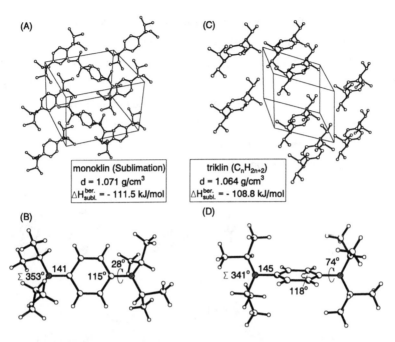

Abb. 8. Einkristallstrukturen der polymorphen Modifikationen von N,N,N',N'-Tetraisopropyl-p-phenylendiamin: Einheitszellen (A) monoklin (P2$_1$/c, Z = 4, in z-Richtung) und (C) triklin (P1, Z = 1, in x-Richtung, Anordnung des Moleküls um ein kristallographisches Inversionszentrum) sowie Molekülstrukturen (B) und (D) in Seitenansicht (Gerüstsymmetrien C$_1$ und C$_i$, Diederwinkel ω(C$_2$N-C$_6$) = 28° und 74°, CN-Bindungslängen 141 und 145 pm, N-Winkelsummen 353° und 341°, Ringwinkel α$_{ipso}$ = 115° und 118°; vgl. Text).

Die monoklin und triklin kristallisierenden Konformeren des N,N,N',N'-Tetraisopropyl-p-phenylendiamins unterscheiden sich vor allem in der Anordnung der N-Elektronenpaar-Achsen relativ zu denen des π-Systems (Abb. 8: B und D): Im monoklinen mit Diederwinkeln von jeweils 28° ist die n$_N$/π-Delokalisation nach Störung 2. Ordnung (cos^2(28°) = 0.78) etwa zehnfach stärker als im triklinen mit Diederwinkeln von nur 74° (cos^2(74°) = 0.08), dessen N-Elektronenpaare überraschenderweise nahezu in der Benzol-Sechsringebene liegen [49]. Die aufgefundenen polymorphen Modifikationen können anhand ihrer nahezu gleich großen Dichten sowie ihren vergleichbaren, mit der Atom/Atom-Potential-Näherung berechneten Gitter(sublimations)energien (Abb. 8) diskutiert werden; nach beiden Kriterien ist die monokline, bei Sublimation langsamer kristallisierende [49] geringfügig stabiler. Die unterschiedlichen konformativen Verdrillungen lassen sich anhand von PM3-Enthalpie-Hyperflächen erläutern, welche ausgehend von den experimentell ermittelten Molekülstrukturdaten [49] (vgl. Abb. 8: B und D) berechnet werden [49]. Analyse der Wellenfunktionen ergibt, daß die durch n_N/π-Delokalisation bei einem Diederwinkel $\omega = 0°$ maximal mögliche Stabilisierung von etwa -15 kJ/Mol mit zunehmender Verdrillung $\omega \rightarrow 90°$ durch vierfache H/H-Abstoßung von insgesamt +16 kJ/Mol kompensiert wird und daher nahezu identische Bildungsenthalpien ΔH_f^{PM3} von - 46 und - 47 kJ/Mol resultieren.

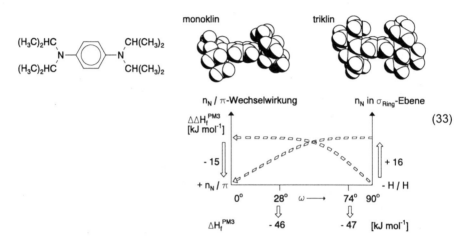

(33)

Insgesamt verdeutlichen polymorphe Modifikationen verschiedenartiger Molekülkonformerer, welche wie die vorstehend beschriebenen (Abb. 8 und (33)) vergleichbar negative Bildungsenthalpien und nur geringe Gitterenergie-Unterschiede aufweisen, die delikate Balance, mit der eine selektive Kristallisation in mehreren lokalen Gesamtenergie-Minima eines Moleküls (1) gelingt. Die verallgemeinerte und nur wenig überspitzte Aussage, daß jedes Molekül mit N Zentren und infolgedessen 3N-6 Freiheitsgraden mehrere solcher Minima mit geringen Energieunterschieden aufweisen müßte und es daher wesentlich vom manuellen Geschick des Experimentators abhängt, Kristalle der danach zu erwartenden polymorphen Modifikationen zu züchten, wird auch durch das zweite Beispiel gestützt: 2,3,7,8-Tetramethoxythianthren kristallisiert nach Soxhlett-Extraktionsreinigung mit n-Hexan zusätzlich zur literaturbekannten, aus Di(2-propyl)ether gezüchteten monoklinen Modifikation [48] (Abb. 9: B) in einer orthorhombischen [48] (Abb. 9: A) höherer Dichte und - hiermit übereinstimmend - negativerer, aus den Strukturdaten berechneter Gitter(sublimations)enthalpie.

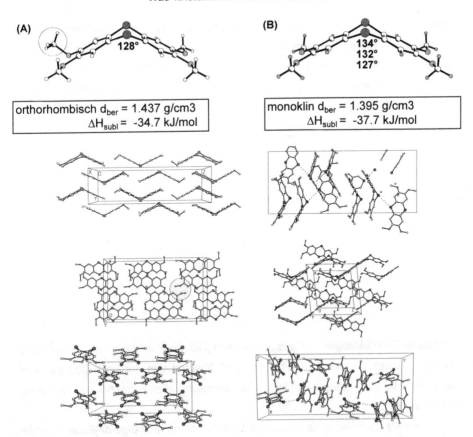

Abb. 9. Einkristallstrukturen der polymorphen Modifikationen von 2,3,7,8-Tetramethoxythianthren: (A) orthorhombisch (Pbca, Interplanarwinkel 128°) mit Einheitszelle (Z = 4) in X-, Y- und Z-Richtungen und (B) monoklin (P2$_1$/n, Interplanarwinkel der drei unabhängigen Moleküle 134°, 132° und 127°) sowie Einheitszelle (Z = 12) in X-, Y- und Z-Richtungen. Die schraffierten Kreise verdeutlichen die Strukturstörung und deren Auswirkung im Gitter (34).

Die Strukturunterschiede der orthorhombischen und monoklinen Tetramethoxythianthren-Modifikationen sind gering (Abb. 9: A und B); es ist lediglich eine Methoxy-Gruppe um 79° aus der Sechsringebene gedreht worden. Im Gegensatz hierzu wird die Gitteranordnung drastisch geändert: Die monokline mit Z = 12 Molekülen dreier unabhängiger Typen in der Einheitszelle "ordnet sich" zur orthorhombischen mit Z = 4 Molekülen nur einer Sorte. Die nur geringe Strukturstörung durch Herausdrehen einer H$_3$CO-Gruppe aus der Phenylring-Ebene (Abb. 9 A: schraffierte Kreise) führt nichtsdestotrotz zu einer erheblichen sterischen Entlastung inbesondere im Bereich zwischen ortho-Ring- und Methyl-Wasserstoffzentren, deren Abstand H$\cdots$H von 228 pm innerhalb ihres doppelten van der Waals-Radius 2r$_H^{vdW}$ = 240 pm liegt.

(34)

Ein fiktives Zurückklappen der ausgelenkten H$_3$CO-Gruppe in die Sechsring-Ebene (34: B), welches zu einem prohibitiven C$\cdots$C-Abstand von nur noch 230 pm zum nächsten Molekül führen würde, veranschaulicht die beträchtliche räumliche Entlastung.

Ein weiteres Beispiel für drastische Gitteränderung als Folge delikater Energieunterschiede bietet die Kristallisation des Natrium-Kontaktionenpaares von Tetraphenyl-p-benzosemichinon-Radikalanion [47] (Abb. 10): Aus der Lösung im cyclischen Ether Tetrahydropyran wachsen Kristalle mit orthorhombischer Gitteranordnung (Abb.10: A), welche entsprechend dem relativ geringen Packungskoeffizienten c_K von nur 0.69 zwischen den Polymerketten [(H$_5$C$_6$)$_4$C$_6$O$_2$$^{\bullet\ominus}Na^{\oplus}$(OC$_6H_{11}$)$_2$]$_\infty$ größere Zwischenräume aufweisen. Eine 1:1-stöchiometrische Zugabe des energetisch günstigen Na$^{\oplus}$-Komplexbildners Tetramethylethylendiamin (H$_3$C)$_2$N-H$_2$C-CH$_2$-N(CH$_3$)$_2$ führt unerwartet nicht zum gegebenenfalls solvens-getrennten Salz [(H$_5$C$_6$)$_4$C$_6$O$_2$$^{\bullet\ominus}$][Na$^{\oplus}$(R$_2$N-C$_2H_4$-NR$_2$)$_3$], sondern dazu, daß sich in die Zwischenräume der dann monoklinen Modifikation [47] (Abb. 10: B) vier weitere Lösungsmittel-Moleküle Tetrahydropyran pro Einheitszelle einlagern. Der aus Volumeninkrementen abgeschätzte Packungskoeffizient c_K steigt dabei auf 0.71 und für die ellipsoiden, mit vier Tetrahydropyran-Molekülen gefüllten Hohlräume sogar auf c_K = 0.78 (!)

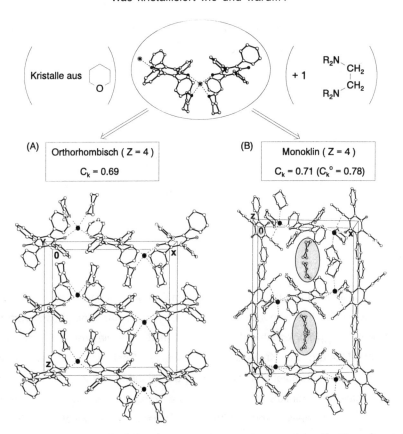

Abb. 10. Pseudopolymorphe Modifikationen des Kontaktionenpaares [Tetraphenyl-p-benzochinon$^{\bullet\ominus}$(Na$^{\oplus}$Tetrahydropyran$_2$)]$_\infty$: Einheitszellen und ihre Packungskoeffizienten c_k (A) orthorhombisch (Pcca, Z = 4), kristallisiert aus Tetrahydropyran-Lösung und (B) monoklin (P2$_1$/n, Z = 4) durch Kristallzüchtung nach Zusatz des Na$^{\oplus}$-Komplexbildners Tetramethylethylendiamin (schraffierte Ellipsen: eingelagerte Tetrahydropyran-Moleküle; vgl. Text).

In beiden "pseudo-polymorphen" Modifikationen (Abb. 10: A und B) bleibt das dominante Packungsmotiv der Polymerketten-Kontaktionenpaare aus Tetraphenyl-p-benzosemichinon-Radikalanionen und zweifach Tetrahydropyran-solvatisierten Na$^{\oplus}$-Gegenkationen erhalten. Augenfällig ist ihre unterschiedliche Verdrillung entlang der Kettenachse, welche die mit vier zusätzlichen Tetrahydropyran-Molekülen gefüllten ellipsoiden Hohlräume (Abb. 10: B) damit eine vorteilhafte Gitterpackung [4,5] ermöglicht.

Weitere Gesichtspunkte lassen sich aus den Abständen des Ringzentroids eines der eingelagerten Tetrahydropyran-Moleküle zu den Ringzentroiden der elf umgebenden gesättigten und ungesättigten Sechsringe gewinnen:

(35)

Der kürzeste Abstand von nur 493 pm wird zum Chinonradikalanion-Ring beobachtet und der zugehörige Interplanarwinkel von 75° entspricht einer energetisch vorteilhaften attraktiven σ_{CH}/π-Wechselwirkung wie sie in Benzol-Dimeren [51] oder in den "Fischgräten-Mustern" der Kristallgitter ungesättigter Sechsring-Kohlenwasserstoffe [4,5] oder phenyl-substituierter Proteine [52] aufgefunden werden. Für den Kristallgitter-bestimmenden Einfluß der Zugabe von Tetramethylethylendiamin, welches sich trotz seiner energetisch vorteilhaften $Na^{\oplus}$-Solvatation [47] selbst nicht eingebaut findet (Abb. 10: B), läßt sich begründet vermuten [47]: Die Kristallisation der in Tetrahydropyran-Lösung vorliegenden Kontaktionenpaar-Polymerketten zur orthorhombischen Modifikation wird durch die Tetramethylethylendiamin-Komplexierung der $Na^{\oplus}$-Ionen zugunsten der dichter gepackten monoklinen Modifikation mit zahlreichen zusätzlichen attraktiven van der Waals-Wechselwirkungen benachteiligt.

Isotype Modifikationen sind der andere, in der Kapitelüberschrift genannte Kristalltyp, der sich wie die polymorphen Gitter von Molekülkonformeren bestens eignet, schwache intermolekulare van der Waals-Wechselwirkungen zu studieren und damit zugleich biologisch relevante Kenntnisse zu erwerben. Als eigenes Beispiel seien die Einschlußverbindungen zahlreicher Lösungsmittel-Moleküle in das Ditosyl-p-phenylendiamin-Gitter gewählt [53], welches (Abb. 11: Typ A, schraffierte Flächen) durch dimere Wasserstoffbrücken -(NH···OS)$_2$- mit beträchtlichem kooperativen Effekt (Kapitel 3.2) geprägt ist.

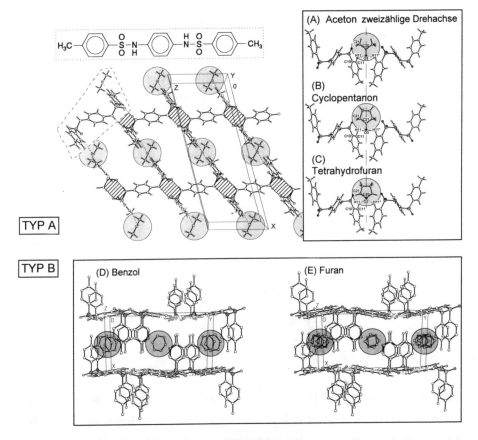

Abb. 11. Einkristallstrukturen isotyper Modifikationen, in deren Wirtsgitter aus Wasserstoffbrücken-Dimeren von N,N'-Ditosyl-p-phenylendiamin (schraffierte Flächen: dimere H-Brücken -(NH···O_2S)-; grau unterlegte Kreise: Lösungsmittel-Einschlüsse) Lösungsmittel eingeschlossen sind: Einheitszellen TYP A (monoklin C2/c, Z = 4) sowie Ausschnitte der Lösungsmittel-Umgebung von Aceton (A), Cyclopentanon (B) oder Tetrahydrofuran (C) und Einheitszellen Typ B (monoklin P2$_1$/c, Z = 2) der Gitter mit Benzol (D) oder Furan (E).

Entdeckt wurden die isotypen Modifikationen bei Umkristallisationsversuchen von N,N'-Ditosyl-p-phenylendiamin, einem zur Synthese verschiedenartig alkylierter p-Phenylendiamine (Abb. 8) bewährten Zwischenprodukt, aus verschiedenartigen Lösungsmitteln. Umfangreiche Kristallzüchtungsansätze führten zum Lösungsmittel-freien Einkristall sowie zu bislang zwölf strukturell charakterisierten Einschlußverbindungen [53] (Abb. 11). In allen mit stärker basischen Lösungsmitteln wie Pyridin, Pyrrolidin, Morpholin, Dimethylformamid oder Dimethylsulfoxid sind die doppelten H-Brücken der Dimeren-Gitter (Abb. 11) durch einfache H-Brücken zu jeweils zwei Solvensmolekülen ersetzt [53]. Werden nach teilweisen Librationskorrekturen (37: thermische Ellipsoide) die meist mit 3 Torsionswinkeln beschreibbaren Strukturen ausgehend vom zentralen Sechsring als Fixpunkt übereinanderprojeziert, so treten folgende Zusammenhänge hervor:

(37)

Strukturen ohne oder mit 2 Dimethylsulfoxid-Molekülen weichen von denen der restlichen ab, welche sich formal in Typen A und B (Abb. 11) einteilen lassen; die des Typ A sind streng isotyp mit vergleichbar großen Gitterkonstanten (Abb. 11 A/C: a = 2446/2410 pm, b = 1078/1101 pm, c = 939/944 pm). In ihnen befinden sich die Lösungsmittel-Moleküle wie Aceton, Cyclopentanon oder Tetrahydrofuran jeweils auf zweizähligen kristallographischen Drehachsen und ihre Sauerstoff-Zentren bilden Kontakte O···HC zu den Tosyl-Sechsringen des N,N'-Ditosyl-p-phenylendiamins aus. Die Untersuchungen befinden sich im Fluß: Weitere Kristalle beispielsweise mit Furan oder 2,5-Dihydrofuran sind gezüchtet und solche mit Thioethern oder Thioketonen in Planung. Atom/Atom-Potential-Näherungsberechnungen der Gitter(sublimations)enthalpien werden durchgeführt und Differentialthermoanalyse-Messungen vorbereitet [53]. Nach weiteren geeigneten Kristallgittern mit kooperativen H-Brücken-Dimeren wie N,N'-Dibenzoyl-p-phenylendiamin wird Ausschau gehalten [4,5,54]. Insgesamt hoffen wir, mehr über intermolekulare Wechselwirkungen wie die des Typs CH···O (Abb. 11: Typ A) in Erfahrung zu bringen.

7. Zusammenfassung und Ausblick:
Bekannte und noch unbekannte Aspekte der Kristallisation von Molekülen und Molekülionen

Die hier retrospektiv zusammengefaßten Untersuchungen der Jahre 1992 bis 1994 über Kationen-Solvatation (Kapitel 1 und 2), Wasserstoffbrücken-Bindungen (Kapitel 3 und 6), Ladungstransfer-Komplexe (Kapitel 4) und van der Waals-Anziehungen (Kapitel 5 und 6) gelten den wichtigsten Wechselwirkungen in Molekülkristallen (Abb. 12).

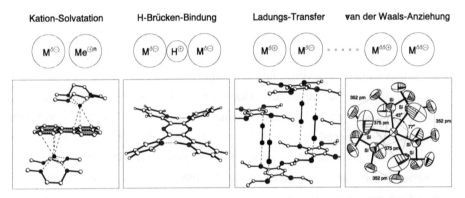

Abb. 12. Repräsentative Beispiele für Wechselwirkungen in Molekülkristallen: Solvens-abhängige Solvatation in Perylendianion-di-natrium-bis(dimethoxyethan) [2,23] (vgl. 15)), intramolekulare H-Brücken in Tetrakis(2-pyridyl)pyrazin [16] (Abb. 2), der Donator/Akzeptor-Komplex {1,2,4,5-Tetrathioethylbenzol···Brom} [34] (vgl. (27)) sowie kurze van der Waals-C···C-Abstände im räumlich überfüllten Hexakis(trimethylsilyl)disilan [37] (Abb. 7).

Nahezu alle untersuchten Verbindungen sind ausgehend von Molekülzustands-Messungen oder -Berechnungen (1) [2,14] entworfen, synthetisiert und kristallisiert worden. Die über ein quantenchemisches Verständnis einzelner Molekülstrukturen, welche chemische Verbindungen meist in ihren Grundzuständen (Abb. 3) nahe dem jeweiligen Gesamtenergieminimum mit weitgehend "eingefrorener" Moleküldynamik enthalten, hinausreichende Titelfrage "Was kristallisiert wie und warum?" wird zur Zeit vielfältig bearbeitet [3-12]. So können auch den vorgestellten Gitterpackungen zahlreiche und teils durch Korrelation mit weiteren experimentellen Ergebnissen oder quantenchemisch gestützten Hinweisen über die Selbstorganisation von Molekülen in Einkristallen entnommen werden. Folgende Strukturbefunde sollen stellvertretend zur Diskussion gestellt werden:

▷ Nach Natriummetall-Reduktion von Tetraphenylbutadien in Dimethoxyethan-(DME)-Lösung kristallisieren die in vorgelagerten Solvatations-Gleichgewichten wie $[M^{\ominus\ominus}] + 2\,[Na^{\oplus}(DME)_3] \rightleftharpoons [M^{\ominus\ominus}(Na^{\oplus}(DME)_2)_2] + 2\,DME$ vorhandenen verschiedenartigen Ionenpaare schließlich im Verhältnis 1:1 unter optimal dichter Packung im Gitter aus [22] (10). In den $Na^{\oplus}$- (Abb. 1) und $Cs^{\oplus}$-Kontaktionenpaaren (4) des Tetraphenylethen-Dianions tritt eine η^6-Benzolsandwich-Koordination als neuartiges Erkennungsmotiv auf [2, 19, 20].

▷ H-verbrückte Polymere erweisen sich wie in zahlreichen Biosystemen als wichtiges Selbstorganisations-Prinzip, für welches von Molekül-Dimeren (vgl. Abb. 5C, (20) oder (21)) über Aggregate endlicher Größe (24) bis hin zu Polymeren mit pK_B-abhängigen Strukturen $CN\cdots HO$ oder $CNH^{\oplus}\cdots O^{\ominus}$ (18), Chlorid-Hydraten (22), Ladungstransfer-Schichtstrukturen (25) oder isotypen Lösungsmitteleinschluß-Gittern (Abb. 11) zahlreiche Beispiele [25-33] gegeben werden. Die für Selbsterkennung wie Selbstorganisation wichtigen kooperativen Effekte lassen sich für ausgewählte Modellsysteme (vgl. (16) oder (21)) quantenchemisch berechnen.

▷ Ladungstransfer-Komplexe {Donator···Akzeptor}, bei denen nennenswerte Strukturunterschiede nur bei geringen Molekülgrößen beobachtet werden (vgl. Abb. 6 und (26)), können Hinweise auf Redox-Zwischenprodukte und damit gegebenenfalls auf Selbstorganisations-Phänomene (27) [35] in Lösung liefern.

▷ Van der Waals-Wechselwirkungen, die in einer Vielzahl von Molekülkristallen sichtbar werden, lassen sich ohne überdeckende Effekte größerer Gitterenergie-Beiträge vorteilhaft an räumlich überfüllten Organosilicium-Verbindungen untersuchen, die literaturbekannt darstellbar sind, meist einkristallin isoliert werden können und infolge der niedrigen effektiven Si-Kernladung ($Si^{\delta\oplus}$-$C^{\delta\ominus}$-$H^{\delta\oplus}$) polarisierte Bindungen [37-44] enthalten (Abb. 7). Zusätzlich zu definierten intramolekularen Abständen z.B. zwischen Methylgruppen $-CH_3)(H_3C-$, deren van der Waals-Radiensumme bis zu 12 % unterschritten wird, finden sich in den Molekülgittern auch intermolekulare, um bis zu 16 % verkürzte Abstände (32).

▷ Polymorphe [48,49] (Abb. 8 und 9), pseudopolymorphe [47] (Abb. 10) und isotype [53] (Abb. 11) Kristallmodifikationen derselben chemischen Verbindungen liefern über moleküldynamische Aspekte hinaus umfangreiche Informationen zur Selbstorganisation teils infolge attraktiver und repulsiver van der Waals-Wechselwirkungen, welche sich mit berechneten Gitter(sublimations)energien [49,50,53] korrelieren lassen.

Die Frankfurter Arbeitsgruppe, deren Ergebnisse hier vorgetragen wurden, ist - und hierauf sei nochmals aufmerksam gemacht - nur eine von vielen, die sich weltweit mit zwischenmolekularen Wechselwirkungen in Molekülkristallen [3-12] und damit als Fernziel dem Phänomen molekularer Selbstorganisation beschäftigt. Stellvertretend sei aus der Literaturflut ein Extrem Beispiel herausgegriffen [55]: Mithilfe eines definierten Netzwerkes aus 18 H-Brücken mit beträchtlichem kooperativen Effekt und insgesamt wohl über 200 kJ/Mol Bildungsenthalpie werden aus Lösung gezielt facettenreiche Molekülaggregate kristallisiert:

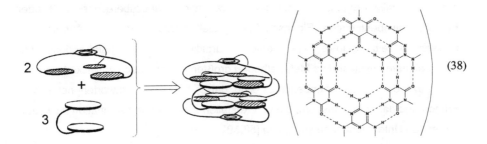

(38)

Trotz all dieser Effekte ist noch vieles zu klären: Beispielsweise sind Einkristallstrukturen unbekannt, in den Kationen wie $Li^{\oplus}$, das nach Überführungsmessungen umgeben von 25 Wassermolekülen (!) wandert, mehr als eine Hydrathülle aufweisen. Sehr gering sind insbesondere die Kenntnisse zeitabhängiger Vorgänge wie das Entstehen von Kristallkeimen [46]. Ein beachtenswerter Fortschritt gelang dadurch, daß Kristallwachstum entlang bevorzugter Flächen beobachtet und erläutert worden ist [10], so entlang der 001-Fläche von d-Alanin-Kristallen, in welche die Zwitterionen $H_3N^{\oplus}$-$CH(CH_3)$-$CO_2^{\ominus}$ vermutlich unter Verdrängung der H-Brücken-gebundenen Oberflächen-Wassermoleküle energetisch begünstigt eingelagert werden:

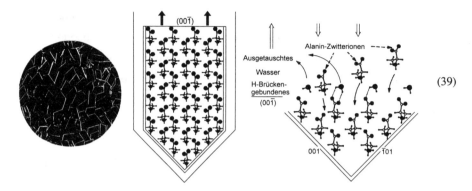

(39)

Insgesamt ist die Beantwortung der Titelfrage "Was kristallisiert wie und warum?" somit noch in vollem Fluß. Einerseits ist über die der Kristallisation vorgelagerten multidimensionalen Gleichgewichts-Netzwerke in Lösung [2], die gerichteten statischen Wechselwirkungen in Kristallen [2-4] oder Selbstorganisationsphänomene auch helicaler Strukturen [56] vieles bekannt. In Sonderfällen gelingt es bereits, Kristallanordnungen minimaler Gitterenergie vorauszuberechnen [8,9] oder Kristalle mit bestimmten Eigenschaften gezielt herzustellen [57]. Andererseits müssen für zeitaufgelöste Experimente zur dreidimensionalen Kristallisationsdynamik geeignete physikalische Meßmethoden größtenteils erst noch entwickelt werden.

Fazit dieses Zwischenberichtes sind daher trotz aller Antworten noch viele Fragen und daher der Ansporn, die von Kristallen ausgehende Faszination zu weiterführenden Untersuchungen zu nutzen [58,59].

Die vorgetragenen Untersuchungsergebnisse sind von einem Team engagierter Mitarbeiter und Mitarbeiterinnen erzielt worden, die vor allem bei den teils unter aprotischen Bedingungen durchgeführten Kristallzüchtungen luft- und temperaturempfindlicher Substanzen außergewöhnliches manuelles Geschick und Ausdauer bewiesen. Die Einzelbeiträge sind den angeführten Literaturzitaten zu entnehmen; gesondert erwähnt seien die Strukturbestimmungen teils im kalten Stickstoffstrom durch die Herren Dipl.-Chem. C. Näther, H. Schödel und N. Nagel sowie durch Herrn Dr. K. Ruppert und die quantenchemischen Berechnungen durch Herrn Dr. Z. Havlas von der Akademie der Wissenschaften in Prag. Für großmütige Förderung danken wir der A. Messer-Stiftung, dem Land Hessen, der Deutschen Forschungsgemeinschaft und dem Fonds der Chemischen Industrie.

Literaturhinweise

[1] Vgl. hierzu Bock, H. "Wie reagieren Moleküle mittlerer Größe? Erzeugen, Nachweisen und Abfangen kurzlebiger Moleküle", Abhandlungen der Mathematisch-Naturwissenschaftlichen Klasse, Akademie der Wissenschaften und der Literatur Mainz, Jg. 1986, Nr. 2, F. Steiner Verlag, Wiesbaden 1986, sowie zit. Lit.

[2] Bock, H., K. Ruppert, C. Näther, Z. Havlas, H.-F. Herrmann, C. Arad, I. Göbel, A. John, J. Meuret, S. Nick, A. Rauschenbach, W. Seitz, T. Vaupel und B. Solouki, "Verzerrte Moleküle: Störungsdesign, Synthesen und Strukturen", Angew. Chem. 104, 564 (1992); Angew. Chem. Int. Ed. Engl. 31, 550 (1992) und zit. Lit.

[3] Bürgi, H.-B. und J.D. Dunitz (Ed.) "Structure Correlation", Vol. 1 und 2, VCH-Verlag, Weinheim 1994 und zit. Lit.

[4] Desiraju, G.R. "Crystal Engineering", Material Science Monographs 54, Elsevier, Amsterdam 1989 und zit. Lit.

[5] Desiraju, G.R. (Ed.) "Organic Solid State Chemistry", Elsevier, Amsterdam 1987.

[6] Lehn, J.M. "Perspektiven der Supramolekularen Chemie - von der molekularen Erkennung zur molekularen Informationsverarbeitung und Selbstorganisation", Angew. Chem. 103, 1347 (1991); Angew. Chem. Int. Ed. Engl. 30, 1304 (1991) und zit. Lit.

[7] Jeffrey, G.A. und W. Saenger "Hydrogen Bonding in Biological Structures", Springer, Berlin 1991 und zit. Lit.

[8] Allinger, N.L., Y.H. Yuh und J.-H. Lii "Molecular Mechanics. The MM3 Force Field for Hydrocarbons. The van der Waals Potentials and Crystal Data for Aliphatic and Aromatic Hydrocarbons", J. Am. Chem. Soc. 111, 8576 (1989).

[9] Gavezzotti, A. "Generation of Possible Crystal Structures from the Molecular Structure for Low Polarity Organic Structures", J. Am. Chem. Soc. 113, 4622 (1991) und zit. Lit.

[10] Lahav, M und L. Leiserowitz zusammen mit K. Kjaer, J. Als-Nielsen, D. Jacquemain, S.G. Wolf, F. Leveiller und M. Deutsch "Zweidimensionale Kristallographie an amphiphilen Molekülen an der Luft-Wasser-Grenzfläche", Angew. Chem. 104, 134 (1992); Angew. Chem. Int. Ent. Ed. Engl. 31, 130 (1992) und zit. Lit.

[11] Bock, H. "Kristallisation als Modell molekularer Selbstorganisation?," Jhrb. 1992, Dtsche. Akad. Naturforsch. Leopoldina (Halle/Saale), Leopoldina 38, 221 (1992) und zit. Lit.

[12] Bock, H. "Some Static Aspects of Molecular Self-Organization from Single Crystal Structural Data", Mol. Cryst. Liqu. Cryst. 240, 155 (1994) und zit. Lit.

[13] Vgl. z.B. Bock, H. "Grundlagen der Silicium-Chemie: Molekülzustände Silicium enthaltender Verbindungen", Angew. Chem. 101, 1659 (1989); Angew. Chem. Int. Ed, Engl. 28, 1627 (1989).

[14] Bock, H. "Molekülzustände und Molekülorbitale", Angew. Chem. 89, 631 (1977); Angew. Chem. Int. Ed. Engl. 16, 613 (1977).

[15] Bock, H., K. Ruppert und D. Fenske, Angew. Chem. 101, 1717 (1989); Angew. Chem. Int. Ed. Engl. 28, 1685 (1989).

[16] Bock, H., T. Vaupel, C. Näther, K. Ruppert und Z. Havlas, Angew. Chem. 104, 348 (1992); Angew. Chem. Int. Ed. Engl. 31, 299 (1992) und zit. Lit.

[17] Bock, H., A. John, Z. Havlas und J.W. Bats, Angew. Chem. 105, 416 (1993); Angew. Chem. Int. Ed. Engl. 32, 416 (1993) und zit. Lit.

[18] Bock, H. und C. Näther, unveröffentlicht. Vgl. hierzu Tetrakis(dimethylamino)-ethen-Dikation mit d_{CC} = 149 pm und ω = 76° (H. Bock, K. Ruppert, K. Merzweiler, D. Fenske und H. Goesmann, Angew. Chem. 101, 1715 (1989); Angew. Chem. Int. Ed. Engl. 28, 1684 (1989).

[19] Bock, H., T. Hauck und C. Näther, unveröffentliche Ergebnisse

[20] Bock, H., K. Ruppert, Z. Havlas und D. Fenske, Angew. Chem. 102, 1095 (1990); Angew. Chem. Int. Ed. Engl. 29, 1042 (1990).

[21] Bock, H. und K. Ruppert, Inorg. Chem. 31, 5094 (1992). Vgl. N. Wiberg "Lehrbuch der Anorganischen Chemie, 91. - 100. Aufl., de Gruyter, Berlin 1985, S. 954.

[22] Bock, H., C. Näther, K. Ruppert und Z. Havlas, J. Am. Chem. Soc. 114, 6907 (1992) und zit. Lit.

[23] Bock, H., C. Näther, Z. Havlas, A. John und C. Arad, Angew. Chem. 106, 931 (1994); Angew. Chem. Int. Ed. Engl. 33, 875 (1994) zit. Lit. sowie unveröffentlichte Ergebnisse.

[24] Bock, H., I. Göbel, W. Bensch und B. Solouki, Chem. Ber. 127, 347 (1994). Struktur von Triisopropylamin: H. Bock, I. Göbel, Z. Havlas, S. Liedle und H. Oberhammer, Angew. Chem. 102, 193 (1990); Angew. Chem. Int. Ed. Engl. 29, 187 (1990).

[25] Bock, H., W. Seitz, Z. Havlas und J.W. Bats, Angew. Chem. 105, 410 (1992); Angew. Chem. Int. Ed. Engl. 32, 411 (1992).

[26] Bock, H. "Novel Hydrogen-Bridged Molecular Aggregates: Design, Structures and Potential Calculations", Phosphorus, Sulfur, Silicon Rel. El., (1994).

[27] Bock, H., T. Vaupel, H. Schödel, U. Koch und E. Egert, Tetrahedron Lett. 35, (1994), 7355 und zit. Lit. sowie unveröffentlichte Ergebnisse H. Bock, H. Schödel und T. Vaupel.

[28] Bock, H., R. Dienelt, H. Schödel und Z. Havlas, J. Chem. Soc. Chem. Commun. (1993), 1792 und zit. Lit.

[29] Bock, H., M. Gluth und H. Schödel, unveröffentlichte Ergebnisse. Vgl. Diplomarbeit M. Gluth, Universität Frankfurt 1993.

[30] Bock, H., R. Dienelt, H. Schödel, Z. Havlas, E. Herdtweck und W.A. Herrmann, Angew. Chem. 105, 1826 (1995); Angew. Chem. Int. Ed. Engl. 32, 1758 (1993) sowie H. Bock, R. Dienelt, H. Schödel und Z. Havlas, unveröffentlichte Ergebnisse.

[31] Bock, H., S. Nick, C. Näther und Z. Havlas, unveröffentlichte Ergebnisse. Vgl. Dissertation, S. Nick, Universität Frankfurt 1994.

[32] Bock, H., H. Schödel, Z. Havlas, A. Gavezzotti und G. Filippini, unveröffentlichte Resultate. Vgl. hierzu J.E. Johnson und R. A. Jacobson, Acta Crystallogr. Sektion B 29, 1669 (1973) sowie G.H. Pyrka und A.A. Pinkerton, Acta Crystallogr. Sektion C 48, 91 (1992).

[33] Bock, H., H. Schödel, T.T. Van und Z. Havlas, unveröffentlichte Resultate, vgl. [12,26].

[34] Bock, H., C. Näther, H. Schödel, M. Sievert, I. Göbel, A. Rauschenbach, W. Seitz, K. Ziemer und Z. Havlas, unveröffentlichte Ergebnisse. Vgl. Diplomarbeit M. Sievert, Universität Frankfurt 1993 sowie die Dissertationen C. Näther, A. Rauschenbach und W. Seitz, Universität Frankfurt 1994.

[35] Bock, H., N. Nagel und A. Seibel, unveröffentlichte Ergebnisse. Vgl. Diplomarbeit A. Seibel, Universität Frankfurt 1994.

[36] Bock, H., M. Sievert und Z. Havlas unveröffentlicht. Vgl. hierzu H. Bock, K. Ruppert, C. Näther und Z. Havlas, Angew. Chem. 103, 1194 (1992); Angew. Chem. Int. Ed. Engl. 30, 1180 (1991).

[37] Bock, H., J. Meuret und K. Ruppert, J. Organomet. Chem. 445, 19 (1993).

[38] Bock, H., J. Meuret und H. Schödel, Chem. Ber. 126, 2227 (1993).

[39] Bock, H., J. Meuret, R. Baur und K. Ruppert, J. Organomet. Chem. 446, 113 (1993).

[40] Bock, H., J. Meuret und K. Ruppert, Chem. Ber. 126, 2237 (1993).

[41] Bock, H., J. Meuret, C. Näther und U. Krynitz, Tetrahedron Lett. 34, 7553 (1993) sowie Chem. Ber. 127, 55 (1994).

[42] Bock, H. , J. Meuret und K. Ruppert, Angew. Chem. 105, 413 (1993); Angew. Chem. Int. Ed. Engl. 32, 414 (1993) und zit. Lit..

[43] Bock, H., J. Meuret, C. Näther und K. Ruppert, "Sterically Overcrowded Organosilicon Compounds and Their Properties" in Organosilicon Chemistry - From Molecules to Materials (Hrsgb. N. Auner und J. Weis), VCH Verlag, Weinheim 1994, S. 11f.

[44] Bock, H., J. Meuret und K. Ruppert, J. Organomet. Chem. 462, 31 (1993).

[45] Literaturwerte zu (30): Hexa(tert.butyl)disilan vgl. N. Wiberg, H. Schuster, A. Simon und K. Peters, Angew. Chem. 98, 100 (1986); Angew. Chem. Int. Ed. Engl. 25, 79 (1986). Disiloxan-Derivat vgl. N. Wiberg, E. Kühnel, K. Schurz, H. Borrmann und A. Simon, Z. Naturforsch. B 43, 1075 (1988). Zinkdisilyl-Derivat: J. Arnold, T.D. Tilley, A.L. Rheingold und S.G. Geib, Inorg. Chem. 26, 2106 (1987).

[46] Hulliger, J., "Chemie und Kristallzüchtung", Angew. Chem. 106, 151 (1994); Angew. Chem. Int. Ed. Engl. 33, 143 (1994) und zit. Lit.

[47] Bock, H., A. John und C. Näther, J. Chem. Soc. Chem. Commun. 1994, 1939.

[48] Bock, H., A. Rauschenbach, C. Näther, Z. Havlas, A. Gavezzotti und G. Filippini, Angew. Chem. 106 (1994), 120 und zit. Lit.; insbesondere Kristallzüchtung und Strukturbestimmung der monoklinen Modifikation durch W. Hinrichs, H.-J. Riedel und G. Klar, J. Chem. Res. (S) 334; (M) 3501.

[49] Bock, H., I. Göbel, C. Näther, Z. Havlas, A. Gavezzotti und G. Filippini, Angew. Chem. 105, 1823 (1993); Angew. Chem. Int. Ed. Engl. 32, 1755 (1993) und zit. Lit.

[50] Filippini, G. und A. Gavezzotti, Acta Crystallogr. Sektion B 49, 868 (1993) und zit. Lit.

[51] Hobza, P., H.L. Selzle und E.W. Schlag, J. Am. Chem. Soc. 116, 3500 (1994).

[52] Burley, S.K. und G.A. Petsko, Science 229, 23 (1985), sowie J. Am. Chem. Soc. 108, 7995 (1986). Vgl. auch C.A. Hunter, J. Singh und J. Thornton, J. Mol. Biol. 218, 837 (1991) sowie C.A. Hunter und J.K. Sanders, J. Am. Chem. Soc., 112, 5525 (1990).

[53] Bock, H., C. Näther, N. Nagel, A. Gavezzotti und G. Filippini, unveröffentlicht. Vgl. hierzu Diplomarbeit N. Nagel, Universität Frankfurt 1993.

[54] Hierzu gibt es mannigfache Möglichkeiten, vgl. z.B. M. Shibakani und A. Sekiya, J. Chem. Soc. Chem. Comm. 1994, 429.

[55] Whitesides, G.M. zusammen mit J.A. Berkowski, J.P. Mathias, E.E. Sinaek und C.T. Seto, J. Am. Chem. Soc. 116, 4298, 4305, 4316 und 4326 (1994) und zit. Lit.

[56] Lehn, J.-M., P. Baxter, A. deCian und J. Fischer, Angew. Chem. 105, 92 (1993); Angew. Chem. Int. Ed. Engl. 32, 69 (1993).

[57] Fagan, P.J., M.D. Ward, J.C. Calabrese und D.C. Johnson, J. Am. Chem. Soc. 111, 1698, 1719 (1989).

[58] Bock, H., S. Nick, C. Näther und J.W. Bats, Helv. Chim. Acta 77, (1994) 2162.

[59] Bock, H., S. Nick, C. Näther und W. Bensch, Chemistry, 1 (1995), im Druck.